EL AVIÓN

Calidad del Equilibrio, Control y Estabilidad Dinámica

JOSÉ ALBERTO SIRENA

EL AVIÓN
CALIDAD DEL EQUILIBRIO, CONTROL Y ESTABILIDAD DINÁMICA

3ra.Edición

UNIVERSITAS
CÓRDOBA
EDITORIAL CIENTÍFICA UNIVERSITARIA

Pje España 1467. Te/Fax: 4680913. (5000) Córdoba. Argentina – editorialuniversitas@yahoo.com.ar

| Autor: | Jose Alberto Sirena. |
| Email autor: | avion.sirena@gmail.com |

Diseño de Tapa:	Universitas.
Autoedición:	Universitas.
Producción Gráfica:	Universitas. Pje. España 1467. Tel: (351) - 4680913. (5000) Córdoba. Argentina.
	Email: editorialuniversitas@yahoo.com.ar

Sirena, Jose Alberto. El avión; calidad del equilibrio, control y estabilidad dinámica. 3.ed. . Córdoba, AR: Universitas, 2020.

Ingeniería

Palabras claves: Aeronave; Vuelo; Mecánica del vuelo; Control; Calidad del equilibrio; Estabilidad estática; Estabilidad dinámica

Keywords: Aircraft; Flight; Flight mechanics; Control; Stiffness; Static stability; Dynamic stability

CD 629.132/3 22 - dc21   CDU 629.7.016

Hecho el depósito que marca la ley 11.723.
Impreso en Argentina - Printed in Argentina

A mis padres, por formarme en libertad.

5-Universitas

Prólogo

Mucho tiempo transcurrió desde que el hombre tuvo el deseo de volar hasta poder concretarlo realmente, el hombre pudo volar en un vehículo más pesado que el aire desde fines del siglo pasado (Otto Lilienthal) pero una vez que logró sostenerse en el aire, tuvo que aprender a controlar el vuelo y ello realmente se produjo con los hermanos Wright el 17-12-1903.

Pasaron los años y la tecnología del vuelo se fue desarrollando, alcanzando niveles de seguridad que expandieron notablemente la actividad aérea, ya no sólo se pudo volar y controlar el vuelo sino que se obtuvieron excelentes prestaciones y cualidades de vuelo en los vehículos aéreos.

Hoy en día el problema no se reduce a lograr que un vehículo que vuele, sea controlable en todo su dominio de vuelo y posea un grado aceptable de respuesta a perturbaciones externas (por ejemplo: ráfagas de viento, etc.) o internas (por ejemplo: variaciones de potencia en el motor, etc.); sino que el vuelo del ingenio satisfaga plenamente los requisitos de diseño del vehículo, en lo que respecta a prestaciones y cualidades de vuelo.

El estudio y comprensión de las leyes físicas que gobiernan el vuelo de los vehículos más pesados que el aire permite desarrollar las teorías y métodos de calculo utilizados en la Mecánica del Vuelo; es importante destacar que sólo a través de sólidos conocimientos teóricos se podrá encontrar el mejor camino para evaluar y solucionar los problemas que se presentan durante el diseño, operación y conducción de nuevos aeroplanos.

Palabras del autor

3ra Edición

Esta obra fue concebida a partir de mi experiencia profesional en el Depto. de Física del Vuelo de la Dirección de Desarrollo Aeronáutico de la Fuerza Aérea Argentina y docente en la cátedra de Mecánica del Vuelo de la Universidad Nacional de Córdoba. Es mi anhelo que ayude a estudiar, comprender y evaluar la calidad del equilibrio, controlabilidad y cualidades de vuelo de aeroplanos.

Para una lectura útil de este libro se considera conveniente conocimientos básicos de álgebra, análisis matemático, mecánica teórica, aerodinámica y propulsión.

Deseo expresar mi agradecimiento al Ing. Domingo A. Herrera y a los alumnos de los distintos cursos de Mecánica del Vuelo I de la Universidad Nacional de Córdoba, por los comentarios y sugerencias vertidos, que permitieron mejorar este trabajo.

La tercera edición trae incorporada la nomenclatura, el índice alfabético, como así también diversas sugerencias y correcciones indicadas por lectores; las cuales considero facilitaran la lectura y comprensión del texto. Las modificaciones introducidas pretendieron en muchos de los casos normalizar, en la medida de mis posibilidades, el texto y la simbología utilizada.

Contenido

Nomenclatura

A .... Fuerza axial. [N]

a .... Pendiente de sustentación. [$1/°$, $1/rad$]

b .... Envergadura. [m]

C .... Coeficiente aerodinámico. [---]. Fuerza lateral aerodinámica. [N]. Cuerda media aerodinámica. [m].

c .... Cuerda. [m]

D .... Resistencia aerodinámica. [N], Diámetro. [m]

d .... Operador matemático, $d(\ )/d(t/\tau)$. [---]

e .... Factor de Ostwald. [---]

F .... Fuerza. [N]

G .... Relación de transmisión. [rad/m]

g .... Aceleración de la gravedad. [m/s^2]

H, h ...... Momento cinético. [$Kg \cdot m^2/s$]

I .... Momento de inercia. [$Kg \cdot m^2$]

i .... Ángulo de calaje. [°]

K .... Constantes. [---]

k .... Radio de giro. [m]

L .... Sustentación. [N]

l .... Longitud. [m]
.... Momento de rolido. [N·m]

M .... Momento aerodinámico. Momento de cabeceo. [N·m]. Número de Mach [---]

m .... Masa. [Kg]

N .... Fuerza normal aerodinámica. [N]. Momento de guiñada. [N·m]. Número de ciclos. [---]

N_0 .... Punto neutro. [---]

N'_0 .... Punto neutro con mando libre. [---]

n .... Constante de los alerones. [---]

P .... Potencia. [w]

$P, Q R$ ..... Componentes de la velocidad angular en las direcciones x-x, y-y , z-z, respectivamente. [°/s, rad/s]

$p, q r$ ...... Componentes de la alteración de la velocidad angular en las direcciones x-x, y-y , z-z, respectivamente. [°/s, rad/s]

$\hat{P}$ .... Velocidad de rolido adimensional. [---]

q .... Presión dinámica. [Pa]

R .... Factor de respuesta de los alerones. [---]

Rey .... Número de Reynolds. [---]

$\hat{r}$ .... Velocidad de guiñada adimensional. [---]

S .... Superficie de referencia del ala. [m^2]. Desplazamiento lineal del control. [m]

s .... Desplazamiento longitudinal del órgano de control. [m]

T .... Tracción. [N]

Tc .... Coeficiente de tracción. [---]

$t_{1/2}$ .... Amortiguamiento. [s]

U, V, W .... Componentes de la velocidad de avance en las direcciones x-x, y-y , z-z, respectivamente. [m/s]

u, v, w ..... Componentes de la alteración de la velocidad de avance en las direcciones x-x, y-y , z-z, respectivamente. [m/s]

V .... Velocidad. [m/s]

$\overline{V}$ .... Volumen de cola. [---]

Y .... Fuerza aerodinámica lateral. [N]

SÍMBOLOS GRIEGOS

α .... Ángulo de ataque. [°]

β .... Ángulo de deslizamiento. [°]

δ .... Deflexión de la superficie móvil de control. [°]

ε .... Deflexión vertical de la estela. [°]

ϕ .... Ángulo de inclinación lateral. [°]

Γ .... Diedro geométrico. [°]

γ .... Elevación o ángulo de la trayectoria. [°]

η .... Eficiencia. [---]

κ .... Ángulo de rumbo o derrota. [°]

Λ .... Alargamiento geométrico [---]. Ángulo de flecha. [°]

λ .... Raíz de la ecuación característica. [---]

μ .... Parámetro de densidad relativa. [---]. Ángulo de inclinación lateral de la sustentación. [°]

θ .... Elevación, actitud, ángulo de torsión alar. [°]

ρ .... Densidad del aire. [kg/m3]

σ .... Deflexión lateral de la estela. [°]

τ .... Efectividad de la superficie articulada. [---]. Parámetro de tiempo aerodinámico, $m/\rho \cdot S \cdot V$. [$1/s$]

Ω .... Velocidad angular. [°/s]

ω .... Velocidad angular. [°/s]

ψ .... Acimut, ángulo de guiñada. [°]

Subíndices

a .... Sistema de ejes de referencia aerodinámico. Acciones aerodinámicas. Alerones.

abs .... Absoluto o aerodinámico, ángulo de ataque.

$aterr$ ..... Configuración de aterrizaje.

b .... Barquilla.

c .... Sistema de ejes de referencia cuerpo.

$c.g.$ .... Centro de masas.

$cruc$ ...... Configuración de crucero.

D .... Resistencia aerodinámica.

d .... Timón de dirección. Abajo.

e .... Sistema de ejes de referencia estabilidad.

ef .... Efectivo.

ext .... Externa.

f .... Fuselaje, superficie móvil, flap.

G .... Sistema de ejes de referencia geodésico.

g .... Efecto suelo, maniobra de giro estacionario.

H .... Momento de charnela tridimensional.

h .... Momento de charnela bidimensional. Hélice.

L .... Sustentación.

$\mathcal{L}$ .... Momento de rolido.

$M.F.$ ..... Mando Fijo.

$M.L.$ ...... Mando Libre.

m .... Momento de cabeceo. Fuerzas másicas.

max ...... Máximo.

min .... Mínimo.

n .... Momento de guiñada.

p .... Fuerzas propulsivas, Sistema propulsivo.

$\hat{p}$ .... Velocidad de rolido adimensional. (p·b/ 2·V)[--- -]

t .... Empenaje horizontal. Sistema de ejes de la trayectoria..

r .... Restablecida estacionaria.

$\hat{r}$ .... Velocidad de guiñada adimensional. (r·b/ 2·V)[---]

T .... Tracción.

u .... Arriba.

v .... Empenaje vertical.

w .... Ala.

x, y, z .... Componentes en las direcciones x-x, y-y , z-z, respectivamente.

0 .... Coeficiente aerodinámico; coeficiente de sustentación o ángulo de ataque nulo $C_L = 0$ ó $\alpha = 0$

NOTA: En el texto se explicita la nomenclatura utilizada y que no se encuentra en esta lista.

CAPÍTULO 1

INTRODUCCIÓN

La Mecánica del Vuelo es el área de las ciencias de la ingeniería que estudia el movimiento de los vehículos en un medio fluido, en particular el aire, como consecuencia de las acciones externas que sobre el actúan; entendiéndose por vehículo cualquier conjunto de puntos materiales vinculados sólidamente y cuya geometría puede ser constante o no.

Se dice que un cuerpo vuela en un medio fluido cuando se mueve en él, o en el vacío; un planeador vuela en la atmósfera terrestre, un submarino "vuela" en el agua, un satélite artificial "vuela" en el espacio, etc., en cada caso particular varían las condiciones del medio pero las leyes generales que gobiernan el movimiento son las mismas.

El planteamiento y solución de problemas del movimiento del cuerpo en un medio fluido exige, entre otras, de las siguientes áreas de conocimiento: álgebra, análisis matemático, mecánica, aerodinámica, propulsión, dinámica estructural, etc.

La Mecánica del Vuelo se aplica a problemas pertinentes al diseño de vehículos, su operación y a la capacitación de tripulaciones. Según la naturaleza y condiciones particulares de los problemas que trata, a la Mecánica del vuelo se la divide en las siguientes áreas: *Performance*, cálculo de prestaciones puntuales, trayectorias, manuales de vuelo, etc.; *Equilibrio, Control y Estabilidad*, calidad del equilibrio, control, cualidades del vuelo, estabilidad dinámica, etc.; *Simulación*, desarrollo de simuladores de vuelo para el diseño de vehículos y entrenamiento de tripulaciones y *Aeroelasticidad*, determinación de cargas y deformaciones, etc.

Los principios de Newton (1642 - 1727), proveen la conexión fundamental entre las fuerzas externas que actúan sobre el cuerpo y el movimiento resultante; lo que marca la diferencia entre la Mecánica del Vuelo y las otras ramas de la Mecánica Aplicada es, en primer lugar, la naturaleza especial de los campos de fuerza con los que trata, la ausencia de restricciones cinemáticas a las máquinas y por último las características especiales del vuelo, el cual es esencialmente un movimiento con 6 grados de libertad, 3 desplazamientos y 3 rotaciones.

En el área de diseño de aeronaves la Mecánica del Vuelo cubre los temas de performance o prestaciones, controlabilidad y cualidades de vuelo; en la de operaciones: perfiles de vuelo, misiones, limitaciones operativas particulares, manuales de vuelo y de operación. Para el entrenamiento del personal participa en el desarrollo de simuladores de vuelo que permitirán incrementar habilidades de pilotaje, adaptación a situaciones de emergencia, como así también preparar tripulaciones para pilotear nuevos vehículos u operarlos en un medio ambiente no habitual.

Un vehículo vuela bajo la acción de diferentes campos de fuerza, que pueden ser importantes o no según las condiciones particulares en las cuales se realiza el vuelo. Los campos de fuerza: gravitacional, aerodinámico, hidrodinámico son importantes cerca de la Tierra, no así los campos: magnéticos, de radiación solar, etc.; lejos de la superficie terrestre, el orden de importancia se invierte.

La naturaleza de las acciones aerodinámicas es una característica del problema que debe afrontar la Mecánica del Vuelo, estas acciones son principalmente una función de las propias variables del movimiento, es decir de la magnitud de la velocidad y de la orientación del cuerpo con respecto al vector velocidad, por lo que su conocimiento previo al cálculo del movimiento es prácticamente imposible, salvo en los casos de hipótesis muy específicas. Las acciones propulsivas (hélices, reactores) también son funciones de las variables del movimiento y su evaluación a veces no resulta tarea fácil, especialmente si se tiene en cuenta el problema de interferencia entre los distintos elementos que integran una configuración operativa.

En el movimiento de un cuerpo en el espacio se pueden distinguir: un movimiento de traslación de su centro de masas (V) y un movimiento de rotación alrededor del mismo centro de masas (Ω). Si al cuerpo lo vemos como un sistema más complejo, por ejemplo: un avión, podremos distinguir en él, movimientos que pueden ser de menor magnitud que los mencionados precedentemente, tal es el caso de los movimientos de los elementos de control, de las masas rotantes en los sistemas de propulsión, el desplazamiento de masas líquidas (combustible), movimientos por deformaciones estructurales, etc., estos movimientos pueden llegar a ser importantes al considerar problemas técnicos asociados a ellos o bien al alcanzar una magnitud que tiene efectos sobre el movimiento general del avión.

El clásico problema directo de la mecánica es: dado un sistema material y las leyes que gobiernan las fuerzas, determinar el movimiento que resulta.

Se denomina problema inverso de: *primera clase* según B. Etkin, Ref. 1, cuando son datos el sistema y el movimiento, y se tienen que calcular las fuerzas. Un ejemplo de este tipo de problema será determinar la fuerza de control necesaria en un avión para efectuar una maniobra y dimensionar el elemento de control adecuado para desarrollar esa fuerza.

El problema inverso de: *segunda clase* es cuando las fuerzas y el movimiento son datos y se deben encontrar las constantes del sistema. En la práctica uno se encuentra muchas veces con *problemas mixtos* en los cuales las incógnitas son variables del movimiento del sistema y de las fuerzas o combinaciones de algunas de ellas.

Los principales problemas de Mecánica del Vuelo, cuando se trata de aeroplanos y que se presentan en la práctica, entre otros, son:

- Cálculo de performance, prestaciones puntuales (velocidad, altura, consumo específico, radio de giro, etc.)
- Cálculo de trayectorias, prestaciones integrales (decolaje, aterrizaje, perfiles de vuelo, etc.).
- Evaluación de la calidad del equilibrio en la dirección y alrededor de cada eje.
- Evaluación de la capacidad de control de velocidades y actitudes de vuelo.
- Análisis de la estabilidad dinámica, respuesta del avión a perturbaciones de las variables del movimiento.
- Respuesta del avión a la acción de los controles aerodinámicos, cambios de régimen en el sistema de propulsión, etc.

- Simulación de vuelo, resolución de las ecuaciones de movimientos del avión utilizando códigos computacionales.

1.1. SISTEMAS DE REFERENCIA

Para el estudio analítico del movimiento de cuerpos en el espacio se utiliza, en general, sistemas de coordenadas cartesianas dextrógiro (de la mano derecha), indicando el pulgar, índice y medio las direcciones positivas de los ejes X, Y y Z respectivamente y se adopta el centro de masas del cuerpo $(C.G.)$ como origen del sistema de coordenadas, salvo que se especifique otro punto en particular.

En Mecánica del Vuelo se usan diversos sistemas de coordenadas, Ref. 2, para especificar posición, velocidad, fuerzas, momentos de inercia, etc.. La elección de uno en particular depende del tipo de problema a resolver, ya que según sea el sistema de referencia adoptado, la formulación de las ecuaciones de movimiento y la expresión analítica de las fuerzas externas se pueden simplificar o bien se pueden explicitar algunas variables del movimiento de una manera más conveniente.

1.1.1. Sistema de referencia inercial

Un sistema fijo a la Tierra, con origen en un punto de la superficie, puede considerarse en la práctica como un sistema de referencia inercial si se supone, como hipótesis válidas, que la tierra no tiene movimiento de rotación, está fija en el espacio, lo cual es válido para vuelos a bajas velocidades y recorridos cortos.

1.1.2. Sistema de referencia geodésico

El origen del sistema puede ser un punto fijo a la tierra o el centro de masas $(C.G.)$ del avión, Fig. 1.1.

En este sistema de ejes:

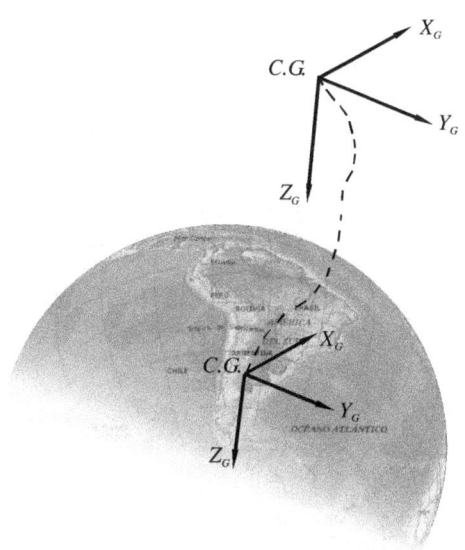

X_G   Está en el plano horizontal, su dirección positiva indica el Norte geográfico, o bien puede estar orientado en la dirección de la velocidad inicial de vuelo.

Y_G   Permanece en el plano horizontal y es perpendicular a X_G, positivo de acuerdo a X_G y Z_G.

Z_G   Coincide permanentemente con la dirección de la fuerza de la gravedad (peso) y es positivo hacia abajo.

FIGURA 1.1. Sistema de referencia geodésico.

En el sistema geodésico el peso tiene una sola componente, en la dirección Z_G. En el caso de vuelo recto horizontal, la sustentación (L) está en la dirección negativa de Z_G y si se adopta X_G positivo en la dirección de vuelo, la velocidad tendrá una sola componente en X_G y la resistencia aerodinámica (D) estará en la dirección X_G negativa. Las ecuaciones de movimiento para el vuelo horizontal se simplifican si se refieren en el sistema geodésico.

1.1.3. Sistema de referencia cuerpo o estructural

Sistema de referencia que permanece fijo al cuerpo, también se denomina estructural. El origen se ubica en el centro de masas, Fig. 1.2, y:

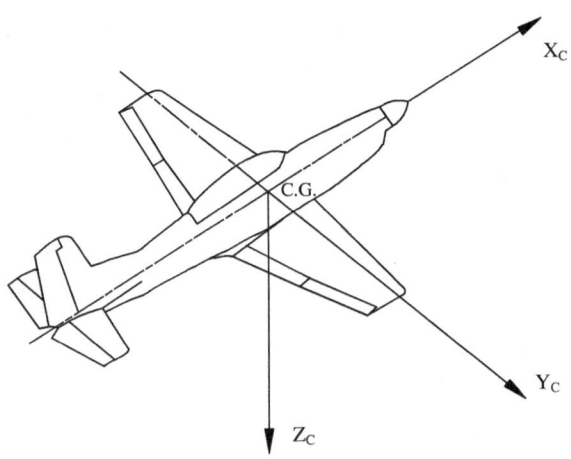

FIGURA 1.2. Sistema de referencia cuerpo o estructural

Xc Está en el plano de simetría, o en uno paralelo al mismo, positivo hacia delante, su dirección se puede elegir de acuerdo con los siguientes criterios:

         a) Una dirección geométrica relevante, por ejemplo: el eje del fuselaje.

         b) En la dirección del eje principal de inercia.

         c) En la dirección del empuje.

Yc Perpendicular al plano de simetría, en la misma dirección que la envergadura, positivo hacia estribor

Zc Es perpendicular a $x - x$ en el plano de simetría, o en uno paralelo a él. $x - x$;

     $x - x$; Xc eje longitudinal

     $y - y$; Yc eje transversal

     $z - z$; Zc eje vertical

En el sistema de coordenadas cuerpo o estructural los momentos de inercia permanecen constantes, mientras lo sea la masa del avión y su distribución.

1.1.6. Sistema de referencia estabilidad

Es un sistema de referencia fijo al cuerpo, semejante al sistema de referencia cuerpo, con la particularidad que se lo define en forma semejante al sistema experimental para un tiempo dado, por ej. $t = 0$, y a partir de ese instante permanece fijo al cuerpo, por lo tanto los momentos de inercia con respecto a los ejes estabilidad son constantes, si la masa y su distribución espacial permanecen sin cambios.

1.1.7. Sistema de referencia de la trayectoria

Se define adoptando como referencia la dirección de avance con respecto a la superficie terrestre y el origen, fijo al cuerpo, se posiciona en el centro de masas.

Xt Eje de la trayectoria, está en la dirección de la tangente geométrica de la trayectoria y es positivo en la dirección de avance.

Yt Perpendicular a Xt y Zt.

Zt Perpendicular a Xt en el plano osculador.

1.1.8. Ángulos de Euler

La orientación de un sistema de referencia ortogonal con respecto a otro se puede dar mediante tres ángulos, los cuales surgen como consecuencia de rotaciones consecutivas alrededor de tres ejes, hasta llevar a coincidir los dos sistemas de referencia. Los ángulos de Euler utilizados en Mecánica del Vuelo surgen de rotar el sistema geodésico hasta hacerlo coincidir con los ejes cuerpo o con el sistema aerodinámico, Fig. 1.4.

La secuencia de las rotaciones es la siguiente:

1. Una rotación ψ alrededor del eje Z_G, llevando X_G hasta K_1, proyección del X_C en el plano horizontal del sistema geodésico.
2. Una rotación θ alrededor del eje K_2, actual posición del eje Y_G hasta llevar el eje K_1 a coincidir con la posición final de X_C.
3. Una rotación ϕ, alrededor del eje X_C, llevando K_3 hasta coincidir con Z_C.

Para evitar ambigüedades en la orientación del cuerpo en el espacio, utilizando los ángulos de Euler, su rango de variación está limitado a:

$$-\pi \le \psi < \pi \quad \text{ó} \quad 0 \le \psi < 2 \cdot \pi$$

$$-\pi/2 \le \quad \theta \quad \le \pi/2$$

$$-\pi \le \phi < \pi \quad \text{ó} \quad 0 \le \phi < 2 \cdot \pi$$

Los ángulos formados entre los sistemas geodésico y cuerpo, Fig. 1.4, definen la actitud del cuerpo en el espacio y se denominan:

ψ: acimut

θ: elevación

ϕ: inclinación lateral

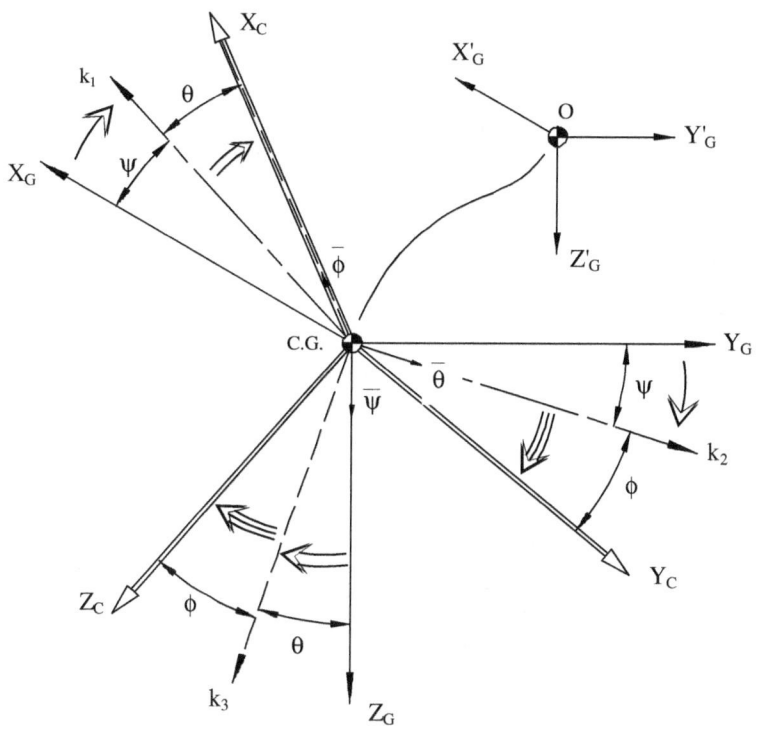

FIGURA 1.4.Ángulos de Euler

La orientación del cuerpo respecto al viento relativo está definida por la posición del sistema aerodinámico con respecto al sistema de ejes cuerpo o estructural, Fig. 1.5, mediante el ángulo de ataque (α) y el ángulo de deslizamiento (β).

La orientación de la trayectoria en el espacio queda definida por la posición relativa del sistema aerodinámico con respecto al sistema de referencia geodésico, Fig. 1.5, a través de los ángulos:

κ: rumbo o derrota.

γ: elevación o ángulo de la trayectoria.

μ: inclinación lateral de la sustentación.

La posición del centro de masas $(C.G.)$ en el espacio queda definida por el origen del sistema cuerpo o aerodinámico con respecto a un sistema geodésico cuyo origen se encuentra en la superficie terrestre $(0_{C.G}, X_G, Y_G, Z_G)$.

El Avión. Calidad del Equilibrio, Control y Estabilidad Dinámica.

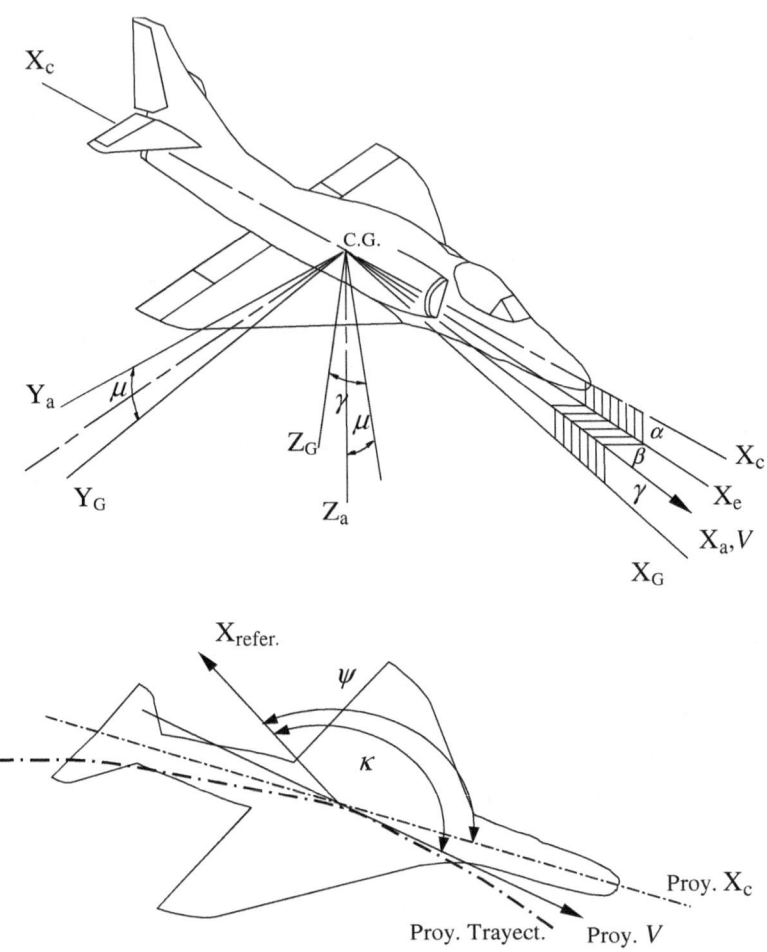

FIGURA 1.5. Orientación de la trayectoria en el espacio.

La matriz de transformación para pasar del sistema geodésico al sistema de ejes cuerpo es, Ref. 2:

$$M_{c,G} = \begin{vmatrix} \cos\theta \cdot \cos\psi & \cos\theta \cdot \text{sen}\psi & -\text{sen}\theta \\ \begin{array}{c} \text{sen}\phi \cdot \text{sen}\theta \cdot \cos\psi \\ -\cos\emptyset \cdot \text{sen}\psi \end{array} & \begin{array}{c} \text{sen}\phi \cdot \text{sen}\theta \cdot \text{sen}\psi \\ +\cos\emptyset \cdot \cos\psi \end{array} & \text{sen}\phi \cdot \cos\theta \\ \begin{array}{c} \cos\phi \cdot \text{sen}\theta \cdot \cos\psi \\ +\text{sen}\emptyset \cdot \text{sen}\psi \end{array} & \begin{array}{c} \cos\phi \cdot \text{sen}\theta . \text{sen}\psi \\ -\text{sen}\emptyset \cdot \cos\psi \end{array} & \cos\phi \cdot \cos\theta \end{vmatrix} \qquad [1.2.1]$$

Para pasar de ejes aerodinámicos a ejes cuerpo:

$$M_{c,a} = \begin{vmatrix} cos\alpha \cdot cos\beta & -cos\alpha \cdot sen\beta & -sen\alpha \\ sen\beta & cos\beta & 0 \\ sen\alpha \cdot cos\beta & -sen\alpha \cdot sen\beta & cos\alpha \end{vmatrix} \qquad [1.2.2]$$

Para pasar de ejes cuerpo a ejes experimentales:

$$M_{e,c} = \begin{vmatrix} cos\alpha & 0 & sen\alpha \\ 0 & 1 & 0 \\ -sen\alpha & 0 & cos\alpha \end{vmatrix} \qquad [1.2.3]$$

y para pasar de ejes experimentales a ejes aerodinámicos:

$$M_{a,e} = \begin{vmatrix} cos\beta & sen\beta & 0 \\ -sen\beta & cos\beta & 0 \\ 0 & 0 & 1 \end{vmatrix} \qquad [1.2.4]$$

1.2. VELOCIDADES Y ACCIONES AERODINÁMICAS

Las componentes de la velocidad de avance en los sistemas de ejes cuerpo y aerodinámico son:

$$\bar{V}_c = \begin{vmatrix} U \\ V \\ W \end{vmatrix}_c \qquad \qquad \bar{V}_a = \begin{vmatrix} V \\ 0 \\ 0 \end{vmatrix}_a$$

y

$$\bar{V}_c = \begin{vmatrix} U \\ V \\ W \end{vmatrix} = Mca \cdot \bar{V}_a = \begin{vmatrix} cos\alpha \cdot cos\beta & -cos\alpha \cdot sen\beta & -sen\alpha \\ sen\beta & cos\beta & 0 \\ sen\alpha \cdot cos\beta & -sen\alpha \cdot sen\beta & cos\alpha \end{vmatrix} \cdot \begin{vmatrix} V \\ 0 \\ 0 \end{vmatrix}_a$$

por lo tanto resulta:

$$U = V_a \cdot cos\alpha \cdot cos\beta$$

$$V = V_a \cdot sen\beta \qquad\qquad\qquad [1.2.5]$$

$$W = V_a \cdot sen\alpha \cdot cos\beta$$

En este caso la secuencia de rotación es: $-\beta$, α, 0, y se tiene:

$$\alpha = tg^{-1}(W/U)(-\pi \leq \alpha \leq \pi)$$

$$\beta = sen^{-1}(V/V_a)(-\pi \leq \beta \leq \pi) \qquad [1.2.6]$$

El Avión. Calidad del Equilibrio, Control y Estabilidad Dinámica.

y

$$|V_c|^2 = U^2 + V^2 + W^2 \qquad\qquad [1.2.7]$$

Las componentes de la velocidad angular se las designa generalmente con la misma nomenclatura en los sistemas de ejes: cuerpo, geodésico y aerodinámico:

$$\overline{\Omega} = \begin{vmatrix} P \\ Q \\ R \end{vmatrix}_{c,G,a}$$

y en la Fig. 1.6 se muestra el sentido positivo de las componentes de las velocidades.

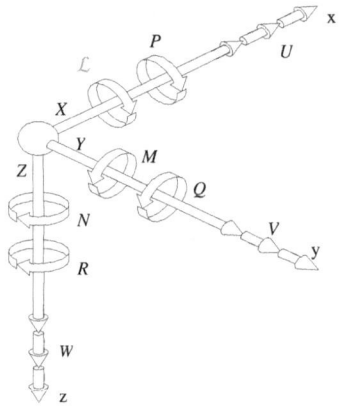

FIGURA 1.6.Componentes de las velocidades y de las acciones

La matriz de transformación, Ref. 2, que permite expresar las componentes del vector velocidad angular en ejes cuerpo a partir de la velocidad angular expresada en términos de los ángulos de Euler, es:

$$M_{c,Euler} = \begin{vmatrix} 1 & 0 & -sen\theta \\ 0 & cos\emptyset & cos\theta \cdot sen\emptyset \\ 0 & -sen\emptyset & cos\emptyset \cdot cos\theta \end{vmatrix} \qquad\qquad [1.2.8]$$

y para la transformación inversa:

$$M_{Euler,c} = \begin{vmatrix} 1 & sen\emptyset \cdot tg\theta & cos\emptyset \cdot tg\theta \\ 0 & cos\emptyset & -sen\emptyset \\ 0 & sen\emptyset/cos\theta & cos\emptyset/cos\theta \end{vmatrix} \qquad\qquad [1.2.9]$$

Las componentes de las acciones aerodinámicas, fuerza (F_a) y momento (M_a), en el sistema de ejes aerodinámico, son las siguientes:

$$\bar{F}_a = \begin{vmatrix} D \\ C \\ L \end{vmatrix}$$

y

$$\bar{M}_a = \begin{vmatrix} \mathcal{L} \\ M \\ N \end{vmatrix}$$

donde:

D: Resistencia $\mathcal{L}$: Momento de rolido

C: Fuerza lateral   y M: Momento de cabeceo

L: Sustentación N: Momento de guiñada

En el sistema de ejes cuerpo se tiene:

$$\bar{F}_c = \begin{vmatrix} A \\ Y \\ N \end{vmatrix} = \begin{vmatrix} X \\ Y \\ Z \end{vmatrix}$$

y

$$\bar{M}_c = \begin{vmatrix} \mathcal{L} \\ M \\ N \end{vmatrix}$$

donde:

A, X: Fuerza axial o longitudinal.

Y, Y: Fuerza lateral.

N, Z: Fuerza normal.

y en ejes estabilidad:

$$\overline{Fe} = \begin{vmatrix} Xe \\ Ye \\ Ze \end{vmatrix}$$

y

$$\overline{Me} = \begin{vmatrix} \mathcal{L}e \\ Me \\ Ne \end{vmatrix}$$

En Tabla 1.1 se muestran los coeficientes de fuerzas aerodinámicas y el signo que corresponde en términos de componentes en los distintos sistemas de referencia.

Sistema Componentes	Cuerpo	Aerodinámico	Estabilidad
X	C_X	- C_D	- C_D
Y	C_Y	C_C	C_Y
Z	C_Z	- C_L	- C_L

TABLA 1.1. Coeficientes aerodinámicos de fuerzas

1.3. ECUACIONES DE MOVIMIENTO

El cálculo y análisis del movimiento de un avión a partir de una condición inicial de vuelo, se realiza utilizando las ecuaciones generales de movimiento de un cuerpo en el espacio; ellas se derivan de las leyes de la Mecánica de Newton, las cuales expresan que la sumatoria de las fuerzas externas es igual a la variación de la Cantidad de Movimiento y que la sumatoria de los momentos de las fuerzas externas será igual a la variación del Momento Cinético, todos ellos referidos a un sistema de referencia inercial.

1.3.1. Ecuaciones generales

El movimiento general de un cuerpo rígido (vehículo aéreo en vuelo) queda definido por el movimiento de traslación de su centro de masas, representado por el vector V y por una rotación Ω. El sistema tiene seis grados de libertad, tres traslaciones y tres rotaciones. A partir de los principios de Newton, se puede expresar vectorialmente:

$$\Sigma \bar{F}_{ext} = \frac{d(m \cdot \bar{V})}{dt} = m \cdot \frac{d\bar{V}}{dt} \qquad [1.3.1]$$

y

$$\Sigma \bar{M}_{ext} = \frac{d(\bar{H})}{dt} = \frac{d(\bar{r} \times m \cdot \bar{V})}{dt} \qquad [1.3.2]$$

donde $\bar{F}_{ext}$ y $\bar{M}_{ext}$ representan las fuerzas y los momentos externos, con componentes: Fx, Fy, Fz, $\mathcal{L}$, M y N en un sistema de referencia inercial, respectivamente. Bajo la hipótesis de masa constante:

$$Fx = \Sigma Fx = m \cdot \frac{dU}{dt}$$

$$Fy = \Sigma Fy = m \cdot \frac{dV}{dt} \qquad [1.3.3]$$

$$Fz = \Sigma Fz = m \cdot \frac{dW}{dt}$$

y

$$L = \Sigma Mx = \frac{dHx}{dt}$$

$$M = \Sigma My = \frac{dHy}{dt}$$

[1.3.4]

$$N = \Sigma Mz = \frac{dHz}{dt}$$

En las ecuaciones [1.3.4], Hx, Hy y Hz son las componentes del momento cinético en la dirección de cada uno de los ejes de referencia.

Para obtener el momento de la Cantidad de Movimiento se considera una partícula de la masa del avión dm, a una distancia x, y, z del centro de masas ($C.G.$), partícula que tiene una velocidad lineal V con componentes: U, $V^{\S}$, W y una velocidad angular Ω con componentes: P, Q, R; consecuentemente las componentes lineales de la velocidad angular en un punto y producidas por Ω, son: $P.y$, $P.z$, $Q.x$, $Q.z$, $R.x$ y $R.y$, Fig. 1.7.

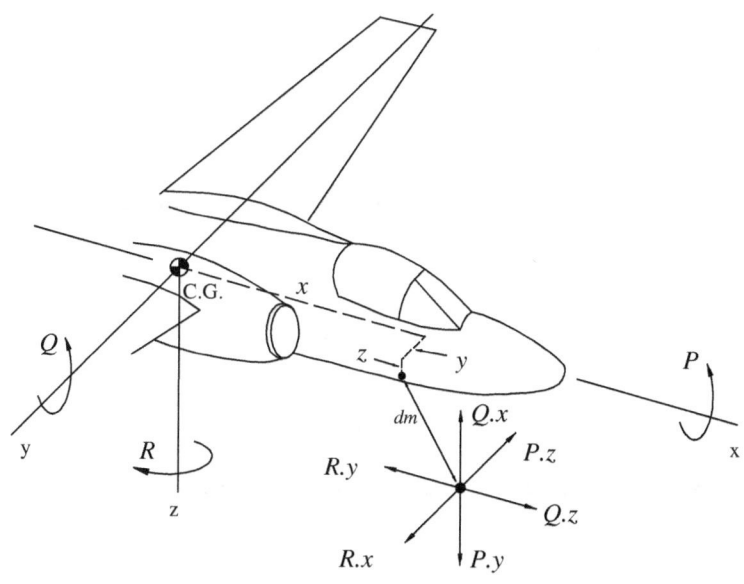

FIGURA 1.7. Componentes de la velocidad lineal generadas por Ω.

Las componentes del momento de la Cantidad de Movimiento en la dirección de los ejes resultan según $x - x$:

$$dhx = y \cdot (P \cdot y) \cdot dm + z \cdot (P \cdot z) \cdot dm - z \cdot (R \cdot x) \cdot dm - y \cdot (Q \cdot x) \cdot dm$$

---

§ No confundir, se utiliza el mismo símbolo V para la velocidad de avance del avión y la componente de la velocidad en la dirección $y - y$.

El Avión. Calidad del Equilibrio, Control y Estabilidad Dinámica.

agrupando se obtiene:

$$dhx = P \cdot (y^2 + z^2) \cdot dm - Q \cdot x \cdot y \cdot dm - R \cdot z \cdot x \cdot dm$$

Operando de manera similar resulta, en la dirección de los otros dos ejes:

$$dhy = Q \cdot (z^2 + x^2) \cdot dm - R \cdot y \cdot z \cdot dm - P \cdot x \cdot y \cdot dm$$

$$dhz = R \cdot (x^2 + y^2) \cdot dm - P \cdot z \cdot x \cdot dm - Q \cdot y \cdot z \cdot dm$$

El momento de la cantidad de movimiento se lo encuentra integrando las ecuaciones anteriores y si consideramos que la velocidad angular Ω, se mantiene constante en el instante de tiempo considerado, tendremos:

$$Hx = P \cdot \int (y^2 + z^2) \cdot dm - Q \cdot \int x \cdot y \cdot dm - R \cdot \int z \cdot x \cdot dm$$

$$Hy = Q \cdot \int (z^2 + x^2) \cdot dm - R \cdot \int y \cdot z \cdot dm - P \cdot \int x \cdot y \cdot dm$$

$$Hz = R \cdot \int (x^2 + y^2) \cdot dm - P \cdot \int z \cdot x \cdot dm - Q \cdot \int y \cdot z \cdot dm$$

[1.3.5]

Donde $\int (y^2 + z^2) \cdot dm$ es el momento de inercia Ix del cuerpo alrededor del eje: $x - x$ y $\int x \cdot y \cdot dm$ es el momento centrífugo Ixy, por lo que las ecuaciones [1.3.5] en términos de los momentos de inercia y centrífugos se expresan:

$$Hx = Ix \cdot P - Ixy \cdot Q - Ixz \cdot R$$

$$Hy = Iy \cdot Q - Iyz \cdot R - Ixy \cdot P$$

$$Hz = Iz \cdot R - Izx \cdot P - Iyz \cdot Q$$

[1.3.6]

llevando las ecuaciones [1.3.6] a las ecuaciones [1.3.4], se tiene:

$$\mathcal{L} = \Sigma Mx = \frac{d(Ix \cdot P - Ixy \cdot Q - Ixz \cdot R)}{dt}$$

$$M = \Sigma My = \frac{d(Iy \cdot Q - Iyz \cdot R - Ixy \cdot P)}{dt}$$

$$N = \Sigma Mz = \frac{d(Iz \cdot R - Izx \cdot P - Iyz \cdot Q)}{dt}$$

[1.3.7]

Estas tres expresiones [1.3.7], junto con las ecuaciones [1.3.3] son las seis ecuaciones generales del movimiento de un cuerpo rígido, las expresiones [1.3.3] son las ecuaciones de fuerza y a ellas corresponden desplazamientos lineales, mientras que a las expresiones [1.3.7], ecuaciones de momentos, les corresponden desplazamientos angulares.

En estas seis ecuaciones diferenciales de primer orden la variable independiente es el tiempo y las dependientes son: U, V, W, P, Q y R. La solución de este sistema de ecuaciones dependerá de las condiciones particulares del problema que se desea resolver.

Observando las ecuaciones de movimiento [1.3.7] vemos que las mismas contienen derivadas con respecto al tiempo de los momentos de inercia, los cuales variarán permanentemente pues el sistema de referencia permanece paralelo al sistema inercial. Esto trae consigo una gran complicación al tratar de resolver las ecuaciones pues los momentos de inercia serán también una función de la posición del cuerpo en el espacio; para eliminar esta dificultad es conveniente referir las ecuaciones de movimiento en un sistema de referencia fijo al cuerpo, el cual será en general un sistema de referencia acelerado o no-inercial.

1.3.2. Ecuaciones de Euler

Las ecuaciones de Euler se desarrollan adoptando un sistema de referencia fijo al cuerpo, de manera que los momentos de inercia y centrífugos permanezcan constantes. Ahora bien, el uso de ejes móviles, con respecto al sistema de referencia inercial, introduce la complicación de que las aceleraciones medidas con respecto a ellos no es la aceleración verdadera en el sistema inercial fijo a la tierra, para el cual son válidas las leyes de la Mecánica; consecuentemente debemos expresar las aceleraciones en el sistema inercial fijo a la tierra, en términos de la aceleración en el sistema móvil.

La derivada de un vector A con respecto al tiempo en un sistema fijo puede ser expresada en términos de la derivada de A con respecto al tiempo en el sistema móvil más el producto de la velocidad angular por el vector A, Ref. 3, lo cual se expresa de la siguiente manera:

$$\left.\frac{d\bar{A}}{dt}\right|_{fijo} = \left.\frac{d\bar{A}}{dt}\right|_{móvil} + \bar{\Omega} \times \bar{A} \qquad [1.3.8]$$

por lo que las ecuaciones de movimiento, expresadas en forma vectorial:

$$\bar{F}_{ext} = m \cdot \frac{d\bar{V}}{dt} \qquad y \qquad \bar{M}_{ext} = \frac{d\bar{H}}{dt} \qquad [1.3.9]$$

cuando se refieren en un sistema móvil (fijo al cuerpo), se expresan de la siguiente forma:

$$\bar{F}_{ext} = m \cdot \frac{d\bar{V}}{dt} + m \cdot \bar{\Omega} \times \bar{V}$$

y

$$\bar{M}_{ext} = \frac{d\bar{H}}{dt} + \bar{\Omega} \times \bar{H} \qquad [1.3.10]$$

con las siguientes componentes escalares:

$$Fx = m \cdot \frac{d(U)}{dt} + m \cdot (Q \cdot W - R \cdot V)$$

$$Fy = m \cdot \frac{d(V)}{dt} + m \cdot (R \cdot U - P \cdot W)$$

$$Fz = m \cdot \frac{d(W)}{dt} + m \cdot (P \cdot V - Q \cdot U)$$

[1.3.11]

y

$$\mathcal{L} = \frac{d(Ix \cdot P - Ixy \cdot Q - Ixz \cdot R)}{dt} + Hz \cdot Q - Hy \cdot R$$

$$M = \frac{d(Iy \cdot Q - Iyz \cdot R - Iyx \cdot P)}{dt} + Hx \cdot R - Hz \cdot P$$

$$N = \frac{d(Iz \cdot R - Izx \cdot P - Izy \cdot Q)}{dt} + Hy \cdot P - Hx \cdot Q$$

[1.3.12]

En las ecuaciones [1.3.11] y [1.3.12], conocidas como ecuaciones de Euler, los términos de la derecha se evalúan en el sistema móvil (fijo al cuerpo), por ejemplo en el sistema de referencia cuerpo o estructural.

1.3.3. Ecuaciones de movimiento simplificadas para vuelo normal

Las ecuaciones del movimiento desarrolladas precedentemente son válidas para la mayoría de las aplicaciones prácticas del vuelo de las aeronaves en la atmósfera terrestre y en las cuales son válidas las siguientes hipótesis:

- Tierra plana y sin rotación.
- La Atmósfera está en reposo respecto a la Tierra.
- Cuerpo rígido, sin deformaciones elásticas ni movimientos relativos.
- Masa y su distribución permanecen constantes.

Se puede utilizar cualquier sistema de referencia fijo al aeroplano, en el cual su eje orientador $x - x$ puede ser, por ejemplo: un eje característico geométrico del fuselaje, el eje de tracción, el eje principal de inercia, etc. En este último caso y como el avión tiene normalmente un plano de simetría, el eje $y - y$, será un eje principal de inercia y en tal caso, todos los momentos centrífugos serán nulos.Si el eje $x - x$ no es un eje principal de inercia sólo serán nulos Ixy e Iyz, debido a la existencia de un plano de simetría.

Efectuando las derivadas con respecto al tiempo, indicadas en las ecuaciones [1.3.11] y [1.3.12] y teniendo en cuenta que los momentos de inercia centrífugos Ixy e Izy son nulos como consecuencia del plano de simetría, se obtiene:

$$Fx = m \cdot \left(\dot{U} + Q \cdot W - R \cdot V \right)$$

$$Fy = m \cdot \left(\dot{V} + R \cdot U - P \cdot W \right) \qquad [1.3.13]$$

$$Fz = m \cdot \left(\dot{W} + P \cdot V - Q \cdot U \right)$$

y

$$\mathcal{L} = Ix \cdot \dot{P} - Ixz \cdot \dot{R} + (Iz - Iy) \cdot Q \cdot R - Ixz \cdot P \cdot Q$$

$$M = Iy \cdot \dot{Q} + (Ix - Iz) \cdot R \cdot P + Ixz \cdot (P^2 - R^2) \qquad [1.3.14]$$

$$N = Iz \cdot \dot{R} - Ixz \cdot \dot{P} + (Iy - Ix) \cdot P \cdot Q + Ixz \cdot Q \cdot R$$

Si el vehículo tuviera partes rotantes, como por ejemplo los rotores de las turbinas, su efecto deberá ser tenido en cuenta en las ecuaciones [1.3.13] y [1.3.14], de acuerdo con los procedimientos básicos de la Mecánica.

Sí se adoptan como sistema de referencia los ejes principales de inercia del cuerpo, $Ixz = 0$, las ecuaciones [1.3.14] resultan:

$$\mathcal{L} = Ix \cdot \dot{P} + (Iz - Iy) \cdot Q \cdot R$$

$$M = Iy \cdot \dot{Q} + (Ix - Iz) \cdot R \cdot P \qquad [1.3.15]$$

$$N = Iz \cdot \dot{R} + (Iy - Ix) \cdot P \cdot Q$$

1.4. RESOLUCIÓN GENERAL DE LAS ECUACIONES DE MOVIMIENTO

El sistema de ecuaciones diferenciales [1.3.13] y [1.3.14] ó [1.3.15] describen la dinámica de un cuerpo rígido (avión) bajo algunas hipótesis simplificativas; el cuerpo tiene seis grados de libertad, 3 desplazamientos lineales y 3 rotaciones, siendo las variables de estado asociadas a esos movimientos las componentes de la velocidad de avance $V\,(U, V, W)$ y de la velocidad de rotación $\Omega\,(P, Q, R)$.

En las ecuaciones escalares de fuerza [1.3.13] las componentes Fx, Fy y Fz incluyen todas las fuerzas externas que actúan sobre el cuerpo: aerodinámicas, propulsivas, másicas, de control, etc. y en las expresiones escalares de momento [1.3.14] ó [1.3.15], los miembros de la izquierda son los momentos generados por las mismas fuerzas excepto las del peso, porque el momento de la masa alrededor del centro de masas, origen del sistema de referencia, es nulo.

Hemos mencionado anteriormente que la naturaleza de las acciones aerodinámicas, que actúan sobre un cuerpo, cuando este se mueve en un medio fluido, le dan a los problemas de la mecánica del vuelo una característica especial, ya que esas acciones, fuerzas y momentos aerodinámicos, son función de la magnitud de la velocidad relativa, de la orientación del cuerpo respecto a la misma, de la altura de vuelo, del número de Reynolds, del número de Mach, etc.. Resumiendo, las acciones dependen de las variables de estado del movimiento, por lo que resulta prácticamente imposible disponer de la ley de variación de las acciones en forma previa al conocimiento de la historia del movimiento, excepto en casos muy particulares.

El Avión. Calidad del Equilibrio, Control y Estabilidad Dinámica.

Para resolver el sistema de ecuaciones [1.3.13] y [1.3.14] ó [1.3.15] se necesita además un sistema de ecuaciones diferenciales provenientes de la cinemática, las cuales permitirán obtener desplazamientos lineales y angulares a partir de las expresiones de velocidades.

Teniendo en cuenta que:

$$\bar{V}_G = \begin{vmatrix} \dot{X}_G \\ \dot{Y}_G \\ \dot{Z}_G \end{vmatrix} = M_{G,c} \cdot \begin{vmatrix} U \\ V \\ W \end{vmatrix} \qquad\qquad [1.4.1]$$

y

$$\bar{\Omega} = \begin{vmatrix} \dot{\phi} \\ \dot{\theta} \\ \dot{\psi} \end{vmatrix} = M_{Euler,c} \cdot \begin{vmatrix} P \\ Q \\ R \end{vmatrix} \qquad\qquad [1.4.2]$$

el movimiento de un cuerpo en el espacio con seis grados de libertad, se calcula resolviendo el sistema de ecuaciones diferenciales [1.3.13], [1.3.14] ó [1.3.15], [1.4.1] y [1.4.2], bajo las condiciones impuestas en las hipótesis y de las que surjan de las expresiones matemáticas necesarias para resolver el problema.

La resolución del sistema de ecuaciones diferenciales que describen el movimiento de un cuerpo en el espacio, bajo la acción de las fuerzas externas que actúan sobre él se puede encarar por dos caminos diferentes, uno mediante métodos computacionales de integración numérica y el otro recurriendo a métodos analíticos para su resolución.

En el primer caso se puede utilizar, por ejemplo, el método de integración numérica de Runge-Kutta de 4to. Orden; mientras que el segundo, dada la naturaleza de las fuerzas externas que actúan, en particular las aerodinámicas, es de difícil aplicación, excepto en algunos casos especiales, en los cuales se plantean hipótesis simplificativas que reducen el número de ecuaciones diferenciales simultáneas y linealizan el problema.

Observando las ecuaciones de movimiento, vemos que contienen como variables: U, V, W, P, Q, R; y sus derivadas con respecto al tiempo, además de diversos productos entre sus incógnitas, de allí que las ecuaciones no sean lineales. Por otro lado sabemos que las acciones aerodinámicas externas que actúan sobre el avión, son función de los valores instantáneos de las variables de estado del movimiento.

Otras variables dependientes del movimiento son: X_G, Y_G, Z_G, ϕ, θ y ψ; además puede haber parámetros que no permanecen constantes, los cuales dependerán del tiempo o podrán ser regulados mediante la intervención de los órganos de control correspondientes, por ejemplo: empuje, superficies de control, etc.; a estos parámetros se los conoce como variables de control.

Las ecuaciones diferenciales describen matemáticamente el paso de una condición inicial del movimiento de un sistema (avión) a una condición final, por medio de la selección de las variables de control adecuadas en función del tiempo. El número de ecuaciones diferenciales se debe corresponder con el número de variables, si así no fuera deberá proveerse al sistema de otras ecuaciones, que surgirán de las condiciones de vínculos adicionales, por ejemplo de las características del sistema control y de la condición de vuelo.

Si se tiene en cuenta que:

$$\rho = f(Z_G)$$

se puede resolver el sistema de ecuaciones que describen el movimiento de un avión, como se muestra esquemáticamente en Fig. 1.8, utilizando el método numérico que se considere más apropiado.

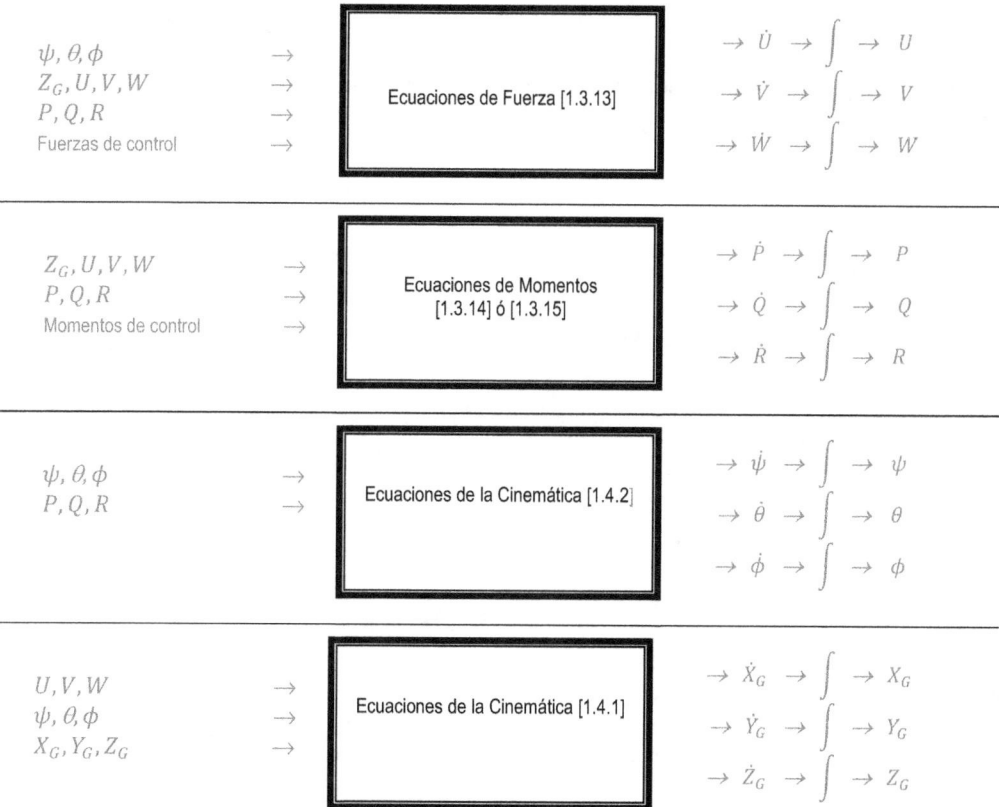

FIGURA 1.8. Esquema de resolución de las ecuaciones de movimiento

1.4.1. Movimiento simétrico y asimétrico

En razón de la existencia de un plano de simetría y de las características de las acciones aerodinámicas que se producen en un avión, podemos considerar las acciones y movimientos separados en dos grupos independientes: acciones y movimientos simétricos y asimétricos.

Movimientos y acciones simétricos son aquellos que se producen en el plano de simetría del vehículo, se denominan también acciones y movimientos longitudinales. Se caracte-

1.1.4. Sistema de referencia aerodinámico

El origen se ubica en el centro de masas del avión y está fijo al cuerpo, Fig. 1.3.

Xa Eje viento, permanece en la dirección del viento (velocidad de avance) positivo en el sentido de avance.

Ya Eje transversal, perpendicular al eje viento (Xa) y al eje sustentación (Za), positivo hacia la derecha.

Za Eje sustentación, permanece en el plano de simetría y es perpendicular al eje Xa, en condiciones de vuelo normales es positivo hacia abajo.

En este sistema de referencia se simplifica la formulación de las acciones aerodinámicas, pero si el movimiento no permanece estacionario o tiene el cuerpo un movimiento de rotación los ejes aerodinámicos se mueven con respecto al cuerpo y por consiguiente los momentos de inercia no son constantes.

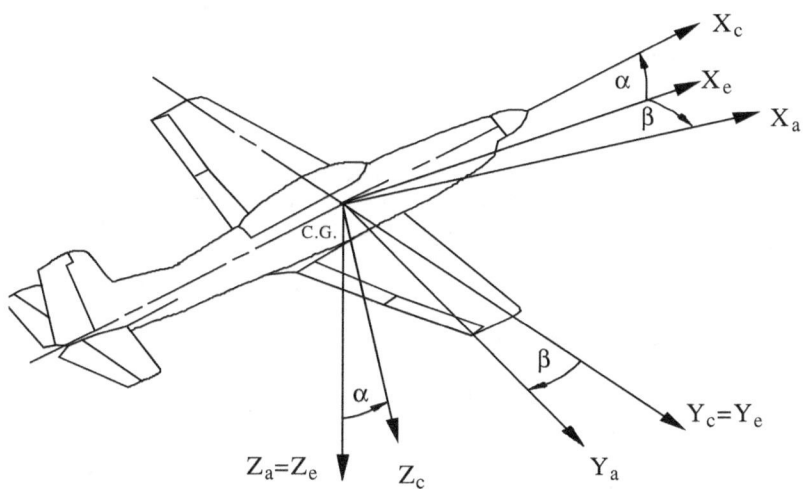

FIGURA 1.3. Sistemas de referencia aerodinámico y experimental.

1.1.5. Sistema de referencia experimental

Origen: Fijo al cuerpo, centro de masas o un punto característico del modelo, por ejemplo al 25% de la cuerda aerodinámica media, Fig. 1.3.

Xe: Permanece en el plano de simetría $(x - z)$ y está en la dirección de la proyección del vector velocidad en dicho plano.

Ye: Está en la dirección de la envergadura y es perpendicular al plano longitudinal o de simetría, positivo hacia estribor.

Ze: Es perpendicular al eje Xe en el plano de simetría.

Si el vuelo se desarrolla en el plano de simetría coinciden los ejes aerodinámicos y experimentales, estos últimos suelen denominarse también ejes túnel.

rizan porque mantienen el movimiento del avión en el plano de simetría, es decir que las acciones y movimientos simétricos no producen movimientos o acciones aerodinámicas asimétricos. Ellos son:

Movimiento simétrico $\quad\rightarrow\quad \bar{V} = \begin{bmatrix} U \\ - \\ W \end{bmatrix}$ $\qquad\qquad \bar{\Omega} = \begin{bmatrix} - \\ Q \\ - \end{bmatrix}$

Acciones aerodinámicas simétricas $\quad\rightarrow\quad \bar{F}_a = \begin{bmatrix} D \\ - \\ L \end{bmatrix}$ $\qquad\qquad \bar{M}_A = \begin{bmatrix} - \\ M \\ - \end{bmatrix}$

Movimientos y acciones asimétricos son aquellos que se producen fuera del plano de simetría del vehículo, a saber:

Movimiento asimétrico $\quad\rightarrow\quad \bar{V} = \begin{bmatrix} - \\ V \\ - \end{bmatrix}$ $\qquad\qquad \bar{\Omega} = \begin{bmatrix} P \\ - \\ R \end{bmatrix}$

Acciones aerodinámicas asimétricas $\quad\rightarrow\quad \bar{F}_a = \begin{bmatrix} - \\ C \\ - \end{bmatrix}$ $\qquad\qquad \bar{M}_A = \begin{bmatrix} \mathcal{L} \\ - \\ N \end{bmatrix}$

Las ecuaciones del movimiento longitudinal referidas a un sistema de referencia fijo al cuerpo son las siguientes:

$$\Sigma F_{a,x} + \Sigma F_{m,x} + \Sigma F_{p,x} = m \cdot \left[\dot{U} + Q \cdot W - R \cdot V \right]$$

$$\Sigma F_{a,z} + \Sigma F_{m,z} + \Sigma F_{p,z} = m \cdot \left[\dot{W} + P \cdot V - Q \cdot U \right] \qquad\qquad [1.4.3]$$

$$\Sigma M_{a,y} + \Sigma M_{p,y} = Iy \cdot \dot{Q} - Ixz \cdot [R^2 - P^2] - [Iz - Ix] \cdot R \cdot P$$

y para el movimiento asimétrico:

$$\Sigma F_{a,y} + \Sigma F_{m,y} + \Sigma F_{p,y} = m \cdot \left[\dot{V} + R \cdot U - P \cdot W \right]$$

$$\Sigma M_{a,x} + \Sigma M_{p,x} = Ix \cdot \dot{P} - Ixz \cdot \left[\dot{R} + P \cdot Q \right] - [Iy - Iz] \cdot Q \cdot R \qquad\qquad [1.4.4]$$

$$\Sigma M_{a,z} + \Sigma M_{p,z} = Iz \cdot \dot{R} - Ixz \cdot \left[\dot{P} + Q \cdot R \right] - [Ix - Iy] \cdot P \cdot Q$$

donde con el subíndice a se indica acciones aerodinámicas, con m las másicas y con p las acciones propulsivas, mientras que con x, y y z se indica la proyección según los ejes $x - x$, $y - y$ y $z - z$, respectivamente.

1.4.2. Ecuaciones de movimiento longitudinal referidas al sistema de ejes de la trayectoria

Resulta práctico referir las ecuaciones de fuerza, correspondientes al movimiento longitudinal en el sistema de ejes de la trayectoria, los cuales coinciden con el sistema de referencia aerodinámico o viento cuando la atmósfera está en reposo. Recordando las expresiones de las aceleraciones tangencial y normal, Ref. 3, se tiene:

$$\Sigma F_{a,x} + \Sigma F_{m,x} + \Sigma F_{p,x} = m \cdot \dot{V}$$

$$\Sigma F_{a,z} + \Sigma F_{m,z} + \Sigma F_{p,z} = -m \cdot \dot{\gamma} \cdot V$$

[1.4.5]

Si a estas expresiones se le agrega la ecuación de momentos alrededor del eje $y - y$, en un sistema de ejes cuerpo, coincidente con la dirección de los ejes principales de inercia:

$$\Sigma M_{a,y} + \Sigma M_{p,y} = Iy \cdot \dot{Q}$$

[1.4.6]

se obtiene el sistema de ecuaciones diferenciales que describen el movimiento del avión en el plano de simetría, con una presentación simple de las acciones aerodinámicas.

Sí a las ecuaciones [1.4.5] y [1.4.6] se le adicionan las siguientes ecuaciones que provienen de la cinemática del movimiento:

$$U_G = V \cdot \cos\gamma = \dot{X}_G$$

$$W_G = V \cdot \sin\gamma = \dot{Z}_G$$

[1.4.7]

y teniendo en cuenta que:

$$\rho = f(Z_G) \quad , \quad \dot{\theta} = Q \qquad \text{y} \qquad \alpha = \theta - \gamma \qquad [1.4.8]$$

se puede plantear el siguiente esquema de resolución:

V, γ, θ Z_G	$\rightarrow$ [1.4.5] $\rightarrow$	$\dot{V} \rightarrow \int \rightarrow V$ $\dot{\gamma} \rightarrow \int \rightarrow \gamma$	
V, γ, θ Z_G	$\rightarrow$ [1.4.6] $\rightarrow$	$\dot{Q} \rightarrow \int \rightarrow Q$	
V, γ X_G, Z_G	$\rightarrow$ [1.4.7] $\rightarrow$	$\dot{X}_G, \dot{Z}_G \rightarrow \int \rightarrow X_G, Z_G$	
Q, θ	$\rightarrow$ [1.4.8] $\rightarrow$	$\dot{\theta} \rightarrow \int \rightarrow \theta$	

1.5. LAS ECUACIONES DE MOVIMIENTO EN LA MECÁNICA DEL VUELO

Varios de los problemas de la Mecánica del vuelo se resuelven a partir del sistema de ecuaciones diferenciales, que describe matemáticamente el movimiento del avión en el espacio y del conocimiento de las características másicas, aerodinámicas y propulsivas del cuerpo, a saber:

1.5.1. Cálculo de performances integrales

Se realiza este cálculo para un movimiento simétrico y en el cual se supone que, mediante un control adecuado, se satisface permanentemente:

$$\Sigma My = 0$$

A través de la resolución del sistema de ecuaciones diferenciales de fuerza y cinemáticas apropiadas se determinan trayectorias, consumos, tiempo de vuelo, etc.

1.5.2. Simulación de vuelo

Utilizando métodos de cálculos numéricos se resuelve el sistema de ecuaciones diferenciales que describen el movimiento del avión, las condiciones de vínculos y de control. Esta metodología puede ser usada también para determinar las características dinámicas o la respuesta del avión a perturbaciones externas o a actuaciones de órganos de control.

1.5.3. Estabilidad dinámica

Resolución analítica de las ecuaciones de movimiento, bajo las hipótesis de pequeñas perturbaciones, linealidad de las acciones y movimientos simétricos y asimétricos desacoplados.

CAPÍTULO 2

CALIDAD DEL EQUILIBRIO LONGITUDINAL CON MANDOS FIJOS

2.1. INTRODUCCIÓN

El vuelo de un aeroplano se realiza, durante la mayor parte del tiempo, en condiciones de equilibrio; en general es simétrico y recto, es decir que el vector velocidad de avance se mantiene en el plano de simetría, movimiento longitudinal y no varía en el tiempo, movimiento estacionario. Durante un vuelo en equilibrio se satisface:

$$\sum \vec{F}_{ext} = 0 \qquad y \qquad \sum \vec{M}_{ext} = 0 \qquad\qquad [2.1.1]$$

El vehículo moviéndose en la atmósfera está sometido a perturbaciones que alteran las variables de estado del movimiento; por ejemplo, ráfagas de viento modifican la magnitud y dirección de la velocidad relativa, lo cual genera variación en las acciones aerodinámicas. Si la alteración de las acciones se opone a que el cuerpo abandone su posición de equilibrio se dice que el mismo tiene una calidad de equilibrio positiva, si la variación de las acciones, por el contrario, favorece abandonar la condición de equilibrio, la calidad del equilibrio será negativa; si no se produce variación en las acciones externas la calidad del equilibrio será nula, Fig. 2.1.

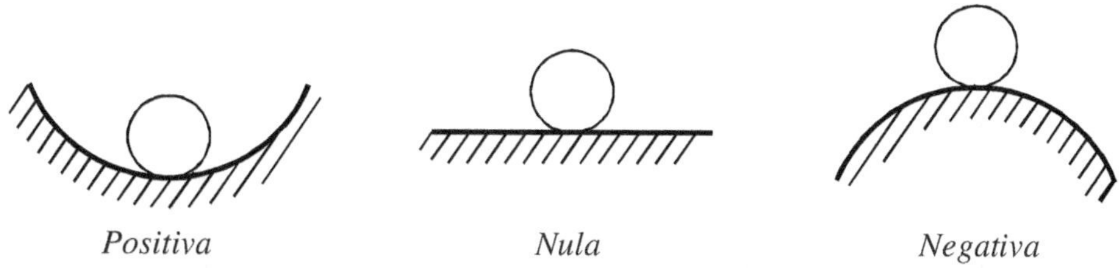

Positiva   *Nula*   *Negativa*

FIGURA 2.1. Calidad del equilibrio

A las dos ecuaciones vectoriales [2.1.1], de fuerzas y momentos, que se deben satisfacer para alcanzar el equilibrio, le corresponden seis ecuaciones escalares; es decir seis condiciones de equilibrio factibles de analizar, en la dirección y alrededor de cada uno de los ejes del sistema de referencia.

El Avión. Calidad del Equilibrio, Control y Estabilidad Dinámica.

La calidad del equilibrio de fuerzas no es de mayor utilidad práctica, excepto para la condición de vuelo en la cual la potencia necesaria es igual a la potencia disponible ($Pn = Pd$) y para una velocidad de vuelo mínima por potencia (V_{min}) mayor que la velocidad de pérdida, pero si es de suma importancia estudiar la calidad del equilibrio de momentos. Para ello es conveniente analizar la variación de los momentos de las acciones externas en función de las variables que definen la orientación del cuerpo con respecto a la velocidad relativa (α y β).

La calidad del equilibrio se puede expresar matemáticamente como:

$$\left[\frac{\partial M_{ext}}{\partial(\text{ángulo característico})}\right]_{M_{ext}=0}$$

Esta derivada, la cual tiene el carácter de derivada parcial, se evalúa en condiciones de equilibrio ($\sum M_{ext} = 0$) y su signo nos indicará la calidad del equilibrio. Adoptada una convención de signos para momentos y ángulos, quedará establecido a cual signo de la derivada le corresponde una calidad del equilibrio positiva; por ejemplo si dada una variación positiva de la orientación de un avión se generan momentos negativos que tratan de mantenerlo en posición, la derivada será de signo negativo e indicará una calidad del equilibrio positiva.

En el movimiento longitudinal la acción aerodinámica asociada al movimiento angular es el momento de cabeceo (M), y la variable de estado asociada a este movimiento es el ángulo de ataque (α), por lo cual la calidad del equilibrio, en términos de coeficientes aerodinámicos, se analiza mediante la derivada:

$$\left[\frac{\partial C_m}{\partial \alpha}\right]_{C_m=0} = C_{m_\alpha}$$

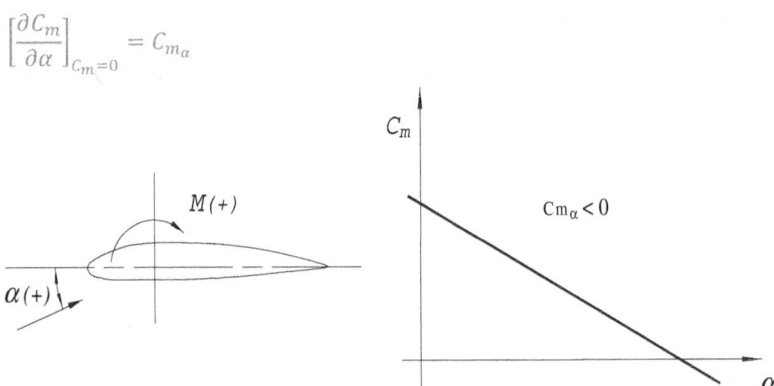

FIGURA 2.2. Coeficiente del momento de cabeceo en función del ángulo de ataque

De acuerdo con la convención de signos adoptada, ver Fig. 2.2, si esta derivada es negativa la calidad del equilibrio será positiva, ello significa que si se produce una variación positiva de α surgirá en el cuerpo un momento de cabeceo negativo (a picar) que reducirá el ángulo de ataque, es decir que el cuerpo posee una tendencia a mantenerse en la condición de equilibrio.

Si la derivada es nula significa que cualquiera sea la variación de α, el cuerpo permanecerá en equilibrio y por último si C_{m_α} es positiva el avión abandonará su condición de equilibrio cuando se produzca una alteración de ella.

Cuando en la condición de equilibrio se perturba cualquiera de las variables de estado del movimiento, la manera como el avión retorna, se mantiene o se aleja de la posición inicial es tema de estudio de la estabilidad dinámica.

En vuelo recto horizontal estacionario, la condición de equilibrio de fuerzas en la dirección $z - z$ implica que el peso es equilibrado por la sustentación $(L = W)$.

$$L = \frac{1}{2} \cdot \rho \cdot V^2 \cdot S \cdot C_L = W$$

despejando la velocidad, se obtiene:

$$V = \sqrt{\frac{2 \cdot (W/S)}{\rho \cdot C_L}} \qquad [2.1.2]$$

Esta expresión nos indica que para cada peso (carga alar) y altura de vuelo (ρ), existe una vinculación directa entre la velocidad de vuelo (V) y el coeficiente de sustentación (C_L) para mantener la condición de vuelo recto horizontal estacionario.

Si se considera que prácticamente existe una relación lineal entre C_L y α, se puede utilizar C_L como variable para analizar la calidad del equilibrio en lugar de α. Utilizar C_L como variable permite poner en evidencia que la calidad del equilibrio en el movimiento longitudinal, refleja la capacidad de un avión para mantener la velocidad de vuelo. El factor de proporcionalidad entre Cm_α y la derivada del C_m con respecto al C_L es la pendiente de sustentación a:

$$C_{m_\alpha} = C_{m_{C_L}} \cdot a \qquad [2.1.3]$$

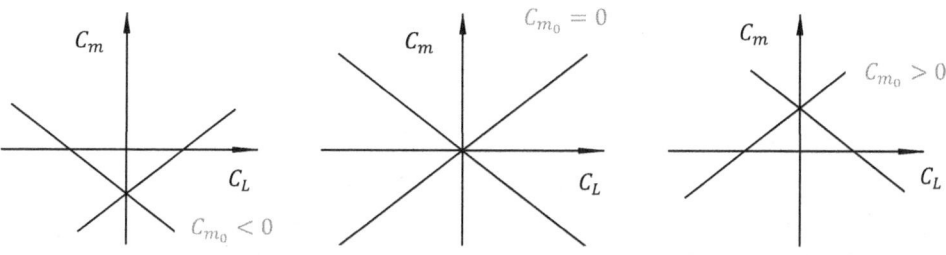

FIGURA 2.3. Condiciones de vuelo.

Un avión para mantener un vuelo recto, horizontal y estacionario necesita un C_L positivo y si a ello se le agrega la condición de tener una calidad de equilibrio positiva $(\partial C_m / \partial C_L < 0)$, se deduce que deberá tener un coeficiente de momento positivo para $C_L = 0$ $(C_{m_0} > 0)$, caso contrario no será posible el vuelo en esas condiciones, Fig. 2.3.

La teoría de la estabilidad dinámica longitudinal muestra que no es necesaria ni suficiente una calidad de equilibrio positiva para que el avión sea estable dinámicamente, pero sí es importante para evaluar la controlabilidad del avión.

El Avión. Calidad del Equilibrio, Control y Estabilidad Dinámica.

2.2. CALIDAD DEL EQUILIBRIO LONGITUDINAL

Para determinar la calidad del equilibrio alrededor del eje $y - y$, es necesario disponer de la ecuación del momento de cabeceo y luego derivarla con respecto a C_L. En la Fig. 2.4 se muestran, para un avión de configuración convencional: fuerzas, momentos, distancias y ángulos característicos.

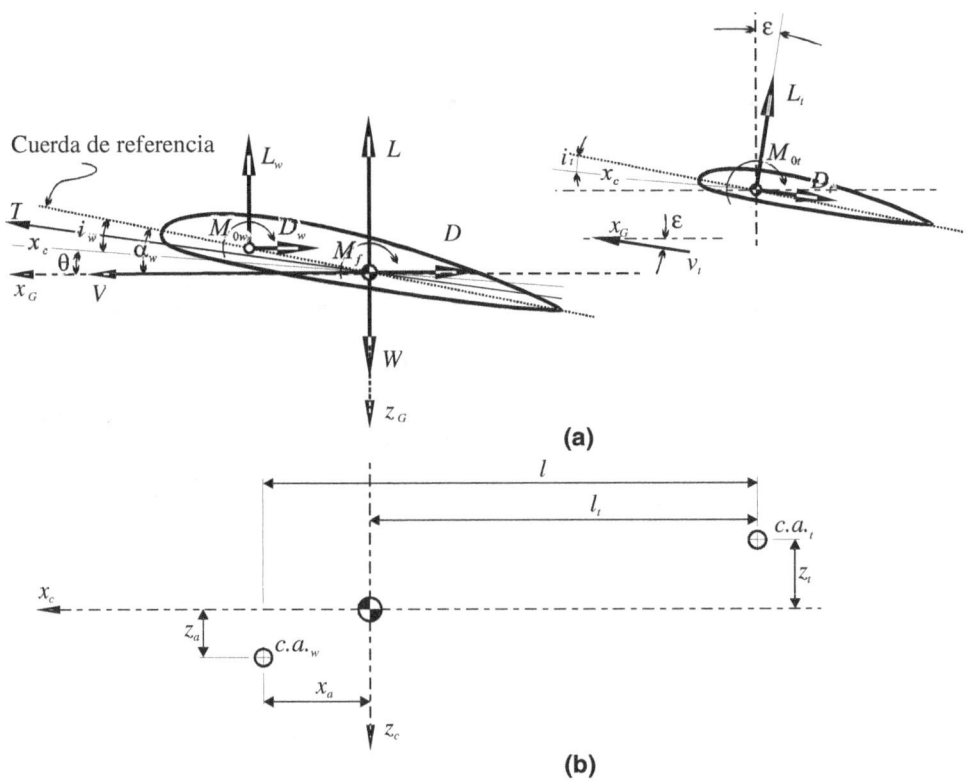

FIGURA 2.4. Fuerzas y momentos longitudinales en el avión

La expresión del momento de cabeceo del avión alrededor del centro de masas, se puede poner en términos del aporte de cada uno de los elementos que lo integran:

$$M = M_w + M_f + M_t + M_p \qquad\qquad [2.2.1]$$

donde los subíndices: w, f, t y p indican: ala, fuselaje, empenaje horizontal y sistema propulsivo, respectivamente. Para poner la ecuación [2.2.1] en términos de coeficiente aerodinámicos se la divide por la presión dinámica, la superficie de referencia y la cuerda media aerodinámica $\left(\frac{1}{2} \cdot \rho \cdot V^2 \cdot S \cdot C\right)$, obteniéndose:

$$C_m = C_{m_w} + C_{m_f} + C_{m_t} + C_{m_p} \qquad\qquad [2.2.2]$$

La calidad del equilibrio longitudinal se obtiene derivando la ecuación [2.2.2] con respecto a C_L. Para facilitar esta operación, se debe encontrar la contribución al coeficiente del momento de cabeceo y la derivada correspondiente de cada uno de los elementos que conforman el avión.

Se adoptan las siguientes hipótesis:

a) Avión con mandos fijos.

b) Sistema propulsivo sin operar.

c) Vuelo estacionario.

d) La sustentación del avión es igual a la del ala.

Los efectos de la interferencia aerodinámica, entre los distintos elementos que componen el avión, se tratarán para cada caso en particular.

2.2.1. Contribución del ala

Como la sustentación (L) y la resistencia (D) modifican su dirección en función de α, también variaran sus distancias al punto de referencia del momento de cabeceo (centro de masas), para evitar este inconveniente se trabajará con las componentes de las acciones aerodinámicas en el sistema de referencia cuerpo o estructural.

$$C_x = -C_D \cdot cos(\alpha_w - i_w) + C_L \cdot sin(\alpha_w - i_w)$$

y [2.2.3.1]

$$C_z = -C_L \cdot cos(\alpha_w - i_w) - C_D \cdot sin(\alpha_w - i_w)$$

Generalmente los vuelos se realizan a bajos ángulos de ataque por lo que se puede suponer:

$$cos(\alpha_w - i_w) \cong 1 \qquad y \qquad sin(\alpha_w - i_w) \cong (\alpha_w - i_w)$$

Introduciendo estas expresiones en la ecuación [2.2.3.1] y considerando que el coeficiente de sustentación es sensiblemente mayor que el coeficiente de resistencia $(C_L \gg C_D)$, resulta:

$$C_x = -C_D + C_L \cdot (\alpha_w - i_w)$$

y [2.2.3.2]

$$C_z = -C_L$$

La contribución del ala al momento de cabeceo será, Fig.2.5:

$$C_{m_w} = C_{m_{0w}} - \frac{X_a}{C} \cdot C_z + \frac{Z_a}{C} \cdot C_x$$ [2.2.4]

donde:

El Avión. Calidad del Equilibrio, Control y Estabilidad Dinámica.

Cm_{0w} : Coeficiente del momento libre del ala, $C_L = 0$

X_a: positivo cuando el centro de masas está atrás del centro aerodinámico del ala.

Z_a: positivo cuando el centro de masas está arriba del centro aerodinámico del ala.

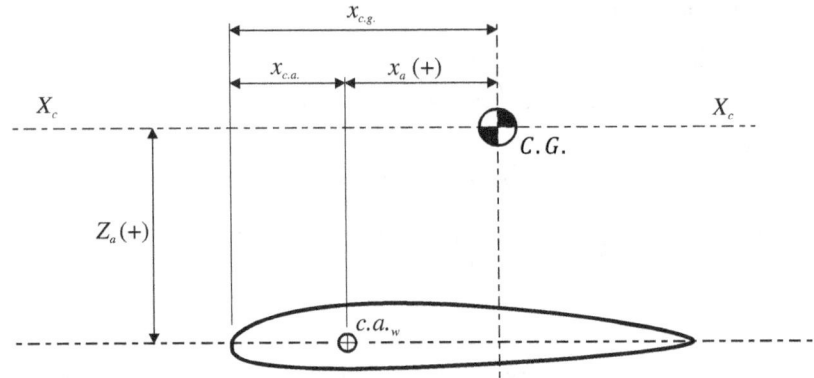

FIGURA 2.5. Distancias en el ala.

La contribución del ala a la calidad del equilibrio se obtiene derivando la ecuación [2.2.4] con respecto al C_L:

$$C_{m_{C_{L_w}}} = -C_{z_{C_L}} \cdot \frac{X_a}{C} + C_{x_{C_L}} \cdot \frac{Z_a}{C}$$

[2.2.5]

Derivando las ecuaciones [2.2.3.2] con respecto a C_L se obtiene:

$$C_{X_{C_L}} = -C_{D_{C_L}} + (\alpha_w - i_w) + \frac{C_L}{a_w}$$

$$C_{Z_{C_L}} = -1$$

[2.2.6]

Si se considera polar parabólica:

$$C_D = C_{D_0} + \frac{C_L^2}{\pi \cdot \Lambda \cdot e}$$

[2.2.7]

y derivando la ecuación [2.2.7] con respecto a C_L se obtiene:

$$C_{D_{C_L}} = \frac{2 \cdot C_L}{\pi \cdot \Lambda_{ef}}$$

[2.2.8]

Teniendo presente que:

$$a_w = \frac{a_0}{1 + \frac{a_0}{\pi \cdot \Lambda_{ef}}} \qquad\qquad y \qquad\qquad \alpha_w = \alpha_0 + \frac{C_L}{a_w}$$

y operando matemáticamente se obtienen las siguientes expresiones de las ecuaciones [2.2.6]:

$$C_{x_{C_L}} = \frac{2 \cdot C_L}{a_0} \tag{2.2.9}$$

$$C_{z_{C_L}} = -1$$

Introduciendo las expresiones [2.2.9] en la ecuación [2.2.5] se obtiene la contribución del ala a la calidad del equilibrio longitudinal:

$$C_{m_{C_{L_w}}} = \frac{X_a}{C} + 2 \cdot \left(\frac{C_L}{a_0}\right) \cdot \frac{Z_a}{C} \tag{2.2.10}$$

y para pequeños valores de C_L o Z_a:

$$C_{m_{C_{L_w}}} = \frac{X_a}{C} \tag{2.2.11}$$

La contribución del ala a la calidad del equilibrio está determinada principalmente por la posición relativa del centro de masas, en la dirección $x - x$, respecto al centro aerodinámico del ala. Pequeños desplazamientos del centro de masas producen variaciones directas de la calidad del equilibrio. La influencia de la posición del ala según $z - z$, se hace sentir para valores grandes del coeficiente de sustentación ($C_L > 1$). La contribución del ala baja es negativa, Fig. 2.6, como consecuencia de que la variación de la componente de sustentación en la dirección $x - x$ es mayor y de signo contrario que la variación de la componente de la resistencia, en esa misma dirección.

2.2.2. Contribución del fuselaje

La contribución del fuselaje al momento de cabeceo es difícil de evaluar analíticamente, por lo que muchas veces se recurre a ensayos aerodinámicos para tener valores precisos; principalmente para evaluar correctamente la interferencia que produce el ala en el campo de movimiento del fuselaje, como consecuencia de la deflexión ascendente y descendente del flujo de aire y viceversa. En general el fuselaje posee una calidad del equilibrio negativa pues su centro aerodinámico esta adelante del centro de masas.

En presencia del ala, la contribución del fuselaje se puede expresar de la siguiente manera, Fig. 2.7:

$$C_{m_f} = C_{m_{0_f}} + \left[\frac{\partial C_m}{\partial C_L}\right]_f \cdot C_L \tag{2.2.12}$$

donde $C_{m_{0_f}}$ es el coeficiente de momento del fuselaje para un C_L del ala (avión) nulo y es función de la orientación relativa de la línea de sustentación nula del ala respecto al eje del fuselaje.

El Avión. Calidad del Equilibrio, Control y Estabilidad Dinámica.

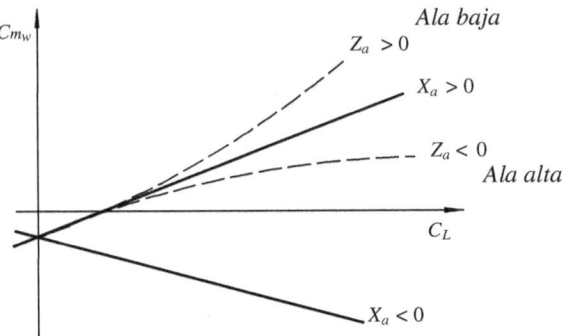

FIGURA 2.6. Coeficiente del momento de cabeceo del ala

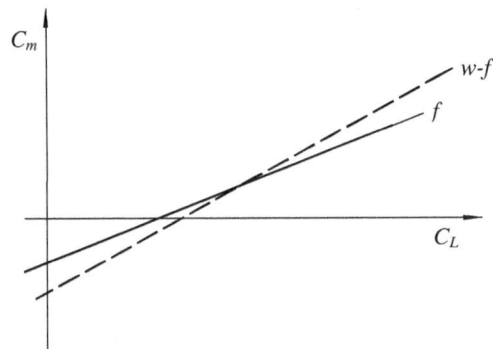

FIGURA 2.7. Coeficiente del momento de cabeceo del ala y de la combinación ala-fuselaje

$C_{m_{C_{Lf}}}$ representa la calidad del equilibrio del fuselaje en presencia del ala, su magnitud es función de la posición relativa del ala en el fuselaje, de la posición del centro de masas y de la geometría del fuselaje. Existen en la bibliografía diversos métodos para evaluar $C_{m_{0f}}$ y $C_{m_{C_{Lf}}}$, [Refs. 5, 7 y 9].

Los coeficientes aerodinámicos que se obtengan deben utilizar todos, la misma superficie y 0longitud de referencia. En el movimiento longitudinal se utiliza la superficie alar (S) y la cuerda aerodinámica media del ala (C).

Otra manera de analizar la contribución del fuselaje al momento de cabeceo y a la calidad del equilibrio es considerar conjuntamente el ala y el fuselaje, combinación ala-fuselaje. Con esta configuración se produce una variación en los valores de C_{m_0} y de $C_{m_{C_L}}$, respecto a los valores del ala sola, como consecuencia del corrimiento del centro aerodinámico y por lo general también se produce un incremento de la pendiente de sustentación.

$$C_{m\ w-f} = C_{m_0\ w-f} + C_{m_{C_L\ w-f}} \cdot C_L \qquad [2.2.13]$$

En la Fig. 2.7 se muestra curvas características del momento del fuselaje y de la combinación fuselaje-ala:

2.2.3. Contribución de barquillas

Las góndolas o barquillas al ser cuerpos fuselados reciben un tratamiento semejante al del fuselaje, naturalmente el peso (valor relativo) de su contribución dependerá del volumen de las mismas.

2.2.4. Contribución del empenaje horizontal

Las acciones aerodinámicas en el empenaje horizontal, como superficie sustentadora aislada son semejantes a las del ala, pero ubicado en la configuración avión el empenaje está sometido a los efectos de la alteración del campo de movimiento que inducen los otros componentes del avión. Por ejemplo, el ala modifica la dirección del campo de movimiento debido al flujo descendente que producen los vórtices de puntera y disminuye la magnitud de la velocidad relativa como consecuencia de la resistencia viscosa. El fuselaje también afecta al flujo que llega al empenaje horizontal.

En configuraciones convencionales y para analizar la contribución del empenaje horizontal, se desprecia la fuerza de la resistencia $\left(C_{D_t}\right)$, y el momento libre $\left(C_{m_{0_t}}\right)$, pues generan momentos de cabeceo de magnitud sensiblemente menores que el producido por la fuerza de sustentación$\left(C_{L_t}\right)$.

El momento de cabeceo del empenaje horizontal es, Fig. 2.4:

$$M_t = -L_t \cdot l_t \qquad [2.2.14]$$

donde: l_t es la distancia del centro aerodinámico del empenaje al centro de masas y en términos de coeficientes se obtiene:

$$C_{m_t} = -C_{L_t} \cdot \left(\frac{\frac{1}{2} \cdot \rho_t \cdot V_t^2}{\frac{1}{2} \cdot \rho \cdot V^2}\right) \cdot \left(\frac{S_t}{S}\right) \cdot \left(\frac{l_t}{C}\right) = -C_{L_t} \cdot \left(\frac{\rho_t \cdot V_t^2}{\rho \cdot V^2}\right) \cdot \left(\frac{S_t \cdot l_t}{S \cdot C}\right) \qquad [2.2.15]$$

La relación $(\rho_t/\rho) \cdot (V_t/V)^2$ se denomina eficiencia del empenaje horizontal (η_t) y tiene en cuenta la variación de la presión dinámica en el empenaje con respecto a la del flujo sin perturbar. A la relación $(S_t \cdot l_t/S \cdot C)$ se la denomina volumen de cola del empenaje horizontal y se la designa con $\bar{V}_t$, su valor generalmente está comprendido entre 0,7 y 1,2.

El coeficiente del momento de cabeceo del empenaje horizontal se puede escribir:

$$C_{m_t} = -C_{L_t} \cdot \eta_t \cdot \bar{V}_t \qquad [2.2.16]$$

y el ángulo de ataque del empenaje horizontal es igual a, Fig. 2.4:

$$\alpha_t = \alpha_w - i_w + i_t - \varepsilon \qquad [2.2.17]$$

donde ε, Ref. 1, es la deflexión vertical de la estela del ala a la altura del centro aerodinámico del empenaje horizontal y responde a la siguiente ecuación:

El Avión. Calidad del Equilibrio, Control y Estabilidad Dinámica.

$$\varepsilon = \varepsilon_0 + \frac{\partial \varepsilon}{\partial \alpha} \cdot \alpha_{abs} \qquad [2.2.18]$$

despreciándose generalmente la deflexión para sustentación nula ($\varepsilon_0 = 0$).

Teniendo en cuenta que los perfiles utilizados normalmente en empenajes son simétricos ($\alpha_{0t} = 0$), el α_t será el ángulo de ataque aerodinamico o absoluto del empenaje, por ello se puede escribir:

$$C_{L_t} = a_t \cdot \alpha_t = a_t \cdot (\alpha_w - i_w + i_t - \varepsilon) \qquad [2.2.19]$$

Llevando esta expresión a la ecuación [2.2.16] resulta:

$$C_{m_t} = -a_t \cdot (\alpha_w - i_w + i_t - \varepsilon) \cdot \eta_t \cdot \bar{V}_t \qquad [2.2.20]$$

Para derivar C_{m_t} con respecto a C_L se pone α y ε en función de este último coeficiente.

$$C_L = a \cdot (\alpha_w - \alpha_0) \quad \therefore \quad \alpha_w = \frac{C_L}{a} + \alpha_0 \qquad [2.2.21]$$

y

$$\varepsilon = \frac{\partial \varepsilon}{\partial \alpha} \cdot \alpha_{abs} \quad \therefore \quad \varepsilon = \frac{\partial \varepsilon}{\partial \alpha} \cdot \frac{C_L}{a} \qquad [2.2.22]$$

Reemplazando en la ecuación [2.2.20] y agrupando los términos que contienen C_L, la contribución del empenaje horizontal al momento de cabeceo es:

$$C_{m_t} = -a_t \cdot \eta_t \cdot \bar{V}_t (\alpha_0 - i_w + i_t) - \frac{a_t}{a} \cdot \eta_t \cdot \bar{V}_t \cdot \left[1 - \frac{\partial \varepsilon}{\partial \alpha}\right] \cdot C_L \qquad [2.2.23]$$

Se puede escribir:

$$C_{m_t} = C_{m_{0_t}} + C_{m_{C_{L_t}}} \cdot C_L \qquad [2.2.24]$$

en la cual:

$$C_{m_{0_t}} = -a_t \cdot \bar{V}_t \cdot \eta_t \cdot (\alpha_0 - i_w + i_t) \qquad [2.2.25]$$

y:

$$C_{m_{C_{L_t}}} = -\frac{a_t}{a} \cdot \eta_t \cdot \bar{V}_t \cdot \left[1 - \frac{\partial \varepsilon}{\partial \alpha}\right] \qquad [2.2.26]$$

$C_{m_{0_t}}$ es la contribución del empenaje horizontal al momento de cabeceo del avión para $C_L = 0$ y $C_{m_{C_{L_t}}}$ su contribución a la calidad del equilibrio, la cual es positiva. Cuando aumenta el ángulo de ataque del ala (avión), también se incrementará el ángulo de ataque del empenaje horizontal, ello producirá una variación de la fuerza de sustentación del empenaje en sentido positivo, generando un momento de cabeceo negativo que reducirá el valor de α_w, es decir que tenderá a volver a la condición de equilibrio o mejor dicho se opondrá a dejarla.

El aumento en el ángulo de ataque efectivo del empenaje se verá reducido por la deflexión vertical de la estela vorticosa del ala, ya que al aumentar α_w, también aumenta ε, por lo tanto la variación que se produce en α_t será:

$$\Delta\alpha_t = \Delta\alpha_w - [\Delta\varepsilon]_{\Delta\alpha_w}$$

[2.2.27]

El empenaje horizontal es el componente que más colabora para alcanzar una buena calidad del equilibrio. Un análisis de las variables que definen su aporte nos dice que:

$a_t = f_1$ (perfil, planta alar, alargamiento).

$\frac{\partial\varepsilon}{\partial\alpha} = f_2$ (α, posición relativa del centro aerodinámica del empenaje respecto a la lámina vorticosa del ala).

$\eta_t = f_3$ (posición relativa del empenaje en la configuración).

$\bar{V}_t = f_4$ (tamaño, geometría y posición del empenaje).

En un avión la posición del centro de masas no permanece fija, se desplaza dentro de una zona determinada y se supondrá que esa variación no introduce modificaciones significativas en el valor de $\bar{V}_t$.

2.2.5. Contribución del flap

El efecto de los flaps extendidos se pone de manifiesto por una variación del momento de cabeceo del ala para sustentación nula $(\Delta Cm_{0\,flap})$ y del ángulo de sustentación nula del ala $(\Delta\alpha_{0flap})$; esto último puede modificar la posición relativa del centro aerodinámico del empenaje horizontal con respecto a la lámina vorticosa del ala, produciendo cambios en $\partial\varepsilon/\partial\alpha$, Ref. 4.

Las variaciones del momento de cabeceo libre, del ángulo de sustentación nula del ala y de la deflexión vertical de la corriente del ala (ε) en el empenaje modifican las condiciones de equilibrio, mientras que, los cambios en la derivada de ε con respecto a α y en las pendientes de sustentación de las superficies sustentadoras, modifican la calidad del equilibrio.

2.2.6. Contribución del tren de aterrizaje

El tren de aterrizaje extendido o afuera es esencialmente una fuente de resistencia aerodinámica, la cual producirá un momento de cabeceo negativo, esta resistencia no sufre variaciones significativas con respecto al ángulo de ataque por lo que no contribuirá a la calidad del equilibrio, pero sí al equilibrio. En aquellos casos que la extensión del tren de aterrizaje modifique el campo de movimiento en el fuselaje y/o el ala, se podrían producir alteraciones en los coeficientes aerodinámicos que definen la calidad del equilibrio.

Cuando se produce un cambio en la configuración del avión, por ejemplo pasar de la configuración de crucero (limpia) a la de aterrizaje (flap y tren de aterrizaje extendidos), hay que prestar atención a los cambios que se pueden producir en: α_0, C_{L_0}, a, $\partial\varepsilon/\partial\alpha$, C_{D_0} entre otros.

El Avión. Calidad del Equilibrio, Control y Estabilidad Dinámica.

2.2.7. Ecuación del momento de cabeceo del avión

La expresión del coeficiente de momento de cabeceo para la configuración de crucero, explicitando la contribución de cada elemento del aeroplano es:

$$C_m = C_{m_{0w}} + \left[\frac{X_a}{C} + \left(\frac{2 \cdot C_L}{a_0} \cdot \frac{Z_a}{C}\right)\right] \cdot C_L + C_{m_{0\,f-b}} + C_{m_{C_L\,f-b}} \cdot C_L$$
$$+ C_{m_{0t}} - \frac{a_t}{a} \cdot \eta_t \cdot \bar{V}_t \cdot \left[1 - \frac{\partial \varepsilon}{\partial \alpha}\right] \cdot C_L$$
[2.2.28]

Si se desprecia la contribución de la fuerza axial en el ala ($Z_a \cong 0$) la ecuación del coeficiente de momentos es una función lineal del C_L, por lo que se puede escribir:

$$C_m = C_{m_0} + C_{m_{C_L}} \cdot C_L$$
[2.2.29]

donde:

$$C_{m_0} = C_{m_{0w}} + C_{m_{0\,f-b}} + C_{m_{0t}}$$
[2.2.30]

y:

$$C_{m_{C_L}} = C_{m_{C_{Lw}}} + C_{m_{C_L\,f-b}} + C_{m_{C_{Lt}}}$$
[2.2.31]

o bien, teniendo en cuenta las ecuaciones [2.2.25], [2.2.11] y [2.2.26], resulta

$$C_{m_0} = C_{m_{0w}} + C_{m_{0\,f-b}} - a_t \cdot (\alpha_0 - i_w + i_t) \cdot \eta_t \cdot \bar{V}_t$$
[2.2.32]

y

$$C_{m_{C_L}} = \frac{X_a}{C} + C_{m_{C_L\,f-b}} - \frac{a_t}{a} \cdot \eta_t \cdot \bar{V}_t \cdot \left[1 - \frac{\partial \varepsilon}{\partial \alpha}\right]$$
[2.2.33]

En la Fig. 2.8 se representa la contribución de cada uno de los elementos al momento de cabeceo, como así también se muestra el coeficiente del momento de cabeceo del avión completo en función del C_L.

Analizando la expresión general de $C_{m_{C_L}}$, ecuación [2.2.33], que permite evaluar la calidad del equilibrio longitudinal, surge que la posición relativa del centro de masas (X_a/C), juega un rol importante en su magnitud y el elemento que más contribuye para lograr una calidad positiva es el empenaje horizontal.

Para la configuración aterrizaje se tendrá:

$$C_{m_{0\,aterr}} = C_{m_{0\,cruc}} + \Delta C_{m_{0\,aterr}}$$
[2.2.34]

y

$$C_{m_{C_L\,aterr}} = C_{m_{C_L\,cruc}} + \Delta C_{m_{C_L\,aterr}}$$
[2.2.35]

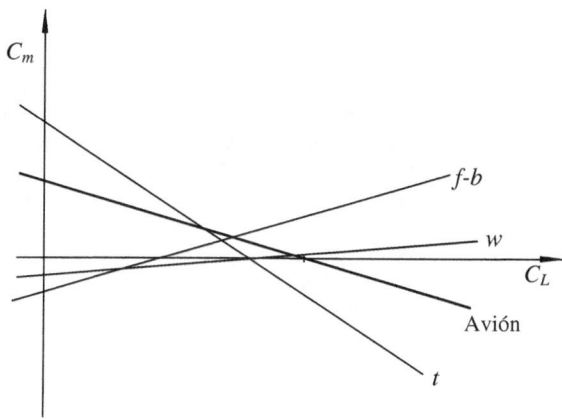

FIGURA 2.8. Contribución de componentes al momento de cabeceo

En el Punto 2.1. se vio que para tener un vuelo recto horizontal estacionario y con una calidad de equilibrio positiva es necesario un C_{m_0} mayor que cero. Analizando la ecuación [2.2.32] se desprende que a través de la selección del calaje del empenaje horizontal, se puede tener el valor de C_{m_0} más adecuado; por ejemplo que para $C_L = C_{L,cruc}$, se obtenga una condición de equilibrio $(C_m = 0)$.

Una vez definido el calaje del empenaje horizontal (i_t), el valor de C_{m_0} permanece constante bajo la hipótesis de que el corrimiento del centro de masas no modifica el volumen de cola del empenaje horizontal, excepto que se produzca un cambio de configuración que modifique $C_{m_0 w}$, $C_{m_0 f-b}$ o $\alpha_{0 w}$.

En general el calaje del empenaje horizontal se adopta para la condición de vuelo de crucero: V_{cruc}, ρ_{cruc}, $\left(X_{c.g.}/C\right)_{cruc}$, W_{cruc} o $C_{L,cruc}$, también puede ser ajustado en tierra o durante el vuelo.

2.2.8. Punto Neutro, Margen Estático

Si se desplaza el punto de referencia con respecto al cual se toman los momentos $\left(X_{c.g.}/C\right)$, se modifica el valor de $C_{m_{C_L}}$, el punto para el cual se anula esta derivada se denomina: Punto Neutro (N_0).

$$C_{m_{C_L}} = \frac{X_a}{C} + C_{m_{C_{L f-b}}} - \frac{a_t}{a} \cdot \eta_t \cdot \bar{V}_t \cdot \left[1 - \frac{\partial \varepsilon}{\partial \alpha}\right] = 0 \qquad [2.2.36]$$

Teniendo en cuenta que, Fig. 2.5:

$$\frac{X_a}{C} = \frac{X_{c.g.} - X_{c.a.}}{C} \qquad [2.2.37]$$

reemplazando términos en la ecuación [2.2.36] y despejando el punto de referencia de momentos $\left(X_{c.g.}/C\right)$, correspondiente a la posición de N_0, se obtiene:

El Avión. Calidad del Equilibrio, Control y Estabilidad Dinámica.

$$N_0 = \frac{X_{c.a.}}{C} - C_{m_{C_{L\,f-b}}} + \frac{a_t}{a} \cdot \eta_t \cdot \bar{V}_t \cdot \left[1 - \frac{\partial \varepsilon}{\partial \alpha}\right]$$

[2.2.38]

El punto neutro tiene el mismo significado para el avión completo que el centro aerodinámico para un perfil o superficie sustentadora, es decir que es un punto de referencia de momentos con la particularidad que el coeficiente del momento de cabeceo no varía con el ángulo de ataque o el coeficiente de sustentación.

La definición del punto neutro utilizando una derivada parcial pone en evidencia las limitaciones que presenta, pues implica que todas las otras variables permanecen constantes. Reemplazando el valor obtenido de N_0, ec. [2.2.38], en la ecuación [2.2.36] se obtiene:

$$C_{m_{C_L}} = \frac{X_{c.g.}}{C} - N_0$$

[2.2.39]

Se denomina margen estático (ME) a la distancia del punto neutro al centro de masas, en por ciento de la cuerda media aerodinámica. El margen estático cuantifica, en términos positivos, la calidad del equilibrio.

$$ME = N_0 - \frac{X_{c.g.}}{C}$$

[2.2.40]

Si bien hablando rigurosamente N_0 es también función de $\bar{V}_t$ y por lo tanto del centro de masas, al suponer despreciable la influencia de su corrimiento resulta que el punto neutro es una característica eminentemente aerodinámica que depende exclusivamente de la geometría de la configuración y régimen de vuelo.

Puesto que la condición que se debe satisfacer para tener una calidad de equilibrio positiva es $C_{m_{C_L}}$ menor que cero, se desprende de la ecuación [2.2.39] que para que ello suceda, el centro de masas debe estar ubicado delante del punto neutro; cuando coinciden la calidad del equilibrio será nula y si se ubica detrás, la calidad del equilibrio será negativa, situación no deseada. Se deduce que el punto neutro es la posición más atrasada en la cual se puede ubicar el centro de masas para evitar una calidad del equilibrio negativa.

El signo y magnitud de $C_{m_{C_L}}$ depende de la posición del $X_{c.g.}$; para una determinada configuración geométrica se lo puede hacer lo suficientemente negativo corriendo el centro de masas hacia delante.

En razón de que los coeficientes aerodinámicos son función de varios parámetros, las derivadas con las cuales se trabaja tienen el carácter de derivadas parciales, por ejemplo C_m y C_L son función del ángulo de ataque y de los números de Reynolds y Mach. Suponiendo que sólo son función del ángulo de ataque, se puede hablar de constancia del N_0, como sería el caso de un vuelo planeado a baja velocidad, en caso contrario el punto neutro no sería una posición fija o constante ya que al ser una característica aerodinámica responde a los mismos condicionamientos o parámetros de similitud que los coeficientes aerodinámicos.

2.3. EFECTOS DE LA OPERACIÓN DEL SISTEMA PROPULSIVO EN LA CALIDAD DEL EQUILIBRIO

Cuando se considera el sistema propulsivo en funcionamiento surgen nuevas contribuciones al momento de cabeceo, las cuales modifican las condiciones y la calidad del equilibrio. Algunas de ellas son importantes, otras no tanto; ello dependerá de las características de la configuración y del tipo de sistema propulsivo utilizado (hélice o reacción).

Los efectos de potencia se dividen en dos grupos: directos e indirectos; los primeros son aquellos que surgen de las fuerzas que se originan en el sistema propulsivo: tracción, fuerza normal, empuje, Fig. 2.9. Los segundos provienen de los cambios que se producen en el campo de movimiento del avión al modificarse la velocidad relativa local en magnitud y dirección, como consecuencia de la operación del sistema de propulsión.

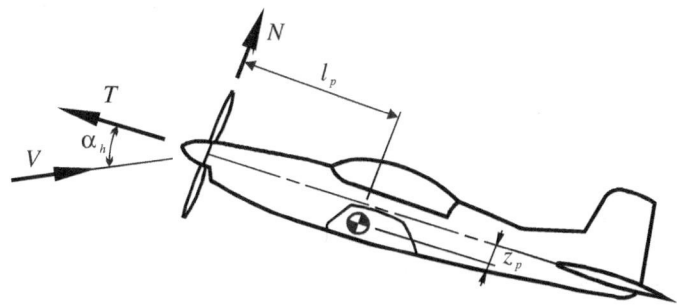

FIGURA 2.9. Efectos directos

La evaluación del efecto de aplicación de potencia y especialmente para elevados valores de ella es difícil de evaluar analíticamente con exactitud por lo que generalmente se realizan ensayos aerodinámicos para su obtención.

2.3.1. Aviones a hélice

La operación de una hélice genera los siguientes efectos:

- Directos:

    1) Momento de cabeceo debido a la fuerza de tracción.

    2) Momento de cabeceo debido a la fuerza normal.

- Indirectos:

    1) Aumento de la presión dinámica en las zonas inmersas en el chorro de la hélice.

    2) Cambio en los coeficientes aerodinámicos de los elementos del avión.

    3) Modificación de la dirección de la velocidad en la zona de empenaje horizontal.

El Avión. Calidad del Equilibrio, Control y Estabilidad Dinámica.

2.3.2. Efectos directos

Las fuerzas que actúan en una hélice son la tracción, en la dirección del eje de rotación y la fuerza normal, que surge en el disco de la hélice cuando la incidencia de la velocidad relativa, respecto al eje de rotación (α_h), no es nula, Fig. 2.9.

Cuando la velocidad relativa enfrenta la hélice con un ángulo α_h, podemos descomponer la velocidad en dos direcciones, una paralela al eje de tracción $(V \cdot \cos\alpha_h)$ y otra paralela al disco de la hélice $(V \cdot sen\,\alpha_h)$ Fig. 2.10; esta última se suma vectorialmente a la componente tangencial de la velocidad de rotación en cada elemento de pala, modificando la magnitud y el ángulo de ataque de la velocidad relativa (Vr) que ve cada sección de la pala, Fig. 2.11.

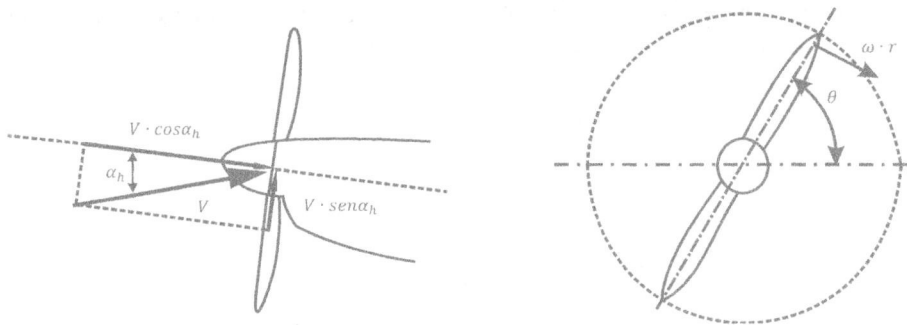

FIGURA 2.10. Velocidades en la hélice.

Si la hélice gira en sentido horario, vista en el sentido de avance, una sección cualquiera de la pala que desciende verá una componente tangencial de velocidad $\omega \cdot r$, Figs. 2.10 y 2.11:

$$V_{des} = \omega \cdot r + V \cdot sen\,\alpha_h \cdot cos\theta \qquad\qquad [2.3.1]$$

y la que asciende:

$$V_{asc} = \omega \cdot r - V \cdot sen\,\alpha_h \cdot cos\theta \qquad\qquad [2.3.2]$$

En las ecuaciones [2.3.1] y [2.3.2] θ es el ángulo de la pala con respecto al plano $Xc - Oc.g. - Yc$; a medida que la pala gira se produce una modificación en las acciones aerodinámicas que actúan en el elemento de pala $(L$ y $D)$, por variación de la magnitud y dirección de la velocidad relativa. Para ángulos de ataque positivos, con respecto al eje de rotación de la hélice, en la pala que desciende habrá un aumento de las fuerzas y en la que asciende una disminución, simultáneamente el punto de aplicación de la resultante se desplazará en el sentido positivo del eje $y - y$.

Al dejar de coincidir el centro de aplicación de la resultante con el eje de giro de la hélice, se debe trasladar las componentes de la resultante aerodinámica, en la dirección del eje de la hélice y en el plano de rotación, al centro de giro de la hélice. Cuando se realiza el traslado la componente de la resultante aerodinámica en la dirección del eje de giro da lugar a la fuerza de tracción y a un momento de guiñada, mientras que la componente en el plano de la hélice genera una fuerza normal al eje de giro y un momento con respecto al eje de rotación, cupla resistente.

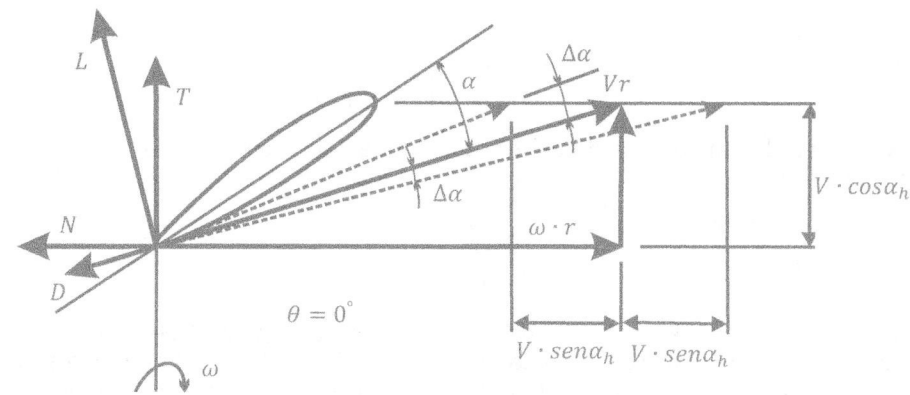

FIGURA 2.11. Variación del ángulo de ataque local

En síntesis, cuando la dirección del viento forma un ángulo α_h con el eje de la hélice, la resultante aerodinámica no actúa más en el centro de rotación y al trasladarse esta fuerza a este punto da lugar a una fuerza con una componente en la dirección del eje de tracción (T) y otra en el disco de la hélice (N), además una cupla resistente y un momento de guiñada.

La tracción en términos de coeficientes aerodinámicos se puede expresar:

$$T = T_c \cdot \rho \cdot V^2 \cdot D_h^2 \tag{2.3.3}$$

y la fuerza normal:

$$N_h = C_{N_h} \cdot q \cdot S_h \tag{2.3.4}$$

en las cuales:

$$S_h = \frac{\pi \cdot D_h^2}{4}$$

D_h: Diámetro de la hélice.

T_c: Coeficiente de tracción.

C_{Nh}: Coeficiente de la fuerza normal.

El momento de cabeceo producido por los efectos directos de la aplicación de potencia es:

$$M_h = \left(T \cdot Z_p + N \cdot l_p\right) \cdot n \tag{2.3.5}$$

En esta ecuación Z_p es la distancia, en dirección $z - z$, del eje de tracción al centro de masas $(O_{c.g.})$, positiva cuando el eje esta abajo del centro de masas y l_p es la distancia del disco de la hélice al $O_{c.g.}$, positiva cuando el disco está delante del centro de masas, Fig. 2.9. Dividiendo por la presión dinámica y el volumen de referencia longitudinal se tiene:

El Avión. Calidad del Equilibrio, Control y Estabilidad Dinámica.

$$C_{m_h} = \left(\frac{T}{\frac{\rho}{2} \cdot V^2 \cdot S} \cdot \frac{Z_p}{C} + \frac{N}{\frac{\rho}{2} \cdot V^2 \cdot S} \cdot \frac{l_p}{C} \right) \cdot n \qquad [2.3.6]$$

donde n es el número de motores. Recordando la definición de T_c y C_{Nh}, y reemplazando términos resulta:

$$C_{m_h} = \left(T_c \cdot \frac{2 \cdot D_h^2}{S} \cdot \frac{Z_p}{C} + C_{Nh} \cdot \frac{l_p}{C} \cdot \frac{S_h}{S} \right) \cdot n \qquad [2.3.7]$$

La ecuación [2.3.7] da el aporte del sistema propulsivo al coeficiente del momento de cabeceo y debe ser considerado cuando se evalúa la condición de equilibrio en aviones a hélices. La contribución a la calidad del equilibrio la obtendremos derivando la ecuación [2.3.7] respecto a C_L:

$$\frac{\partial C_{m_h}}{\partial C_L} = \Delta C_{m_{C_{Lh}}} = \left(\frac{\partial T_c}{\partial C_L} \cdot \frac{2 \cdot D_h^2}{S} \cdot \frac{Z_p}{C} + \frac{\partial C_{Nh}}{\partial C_L} \cdot \frac{l_p}{C} \cdot \frac{S_h}{S} \right) \cdot n \qquad [2.3.8]$$

La evaluación de la derivada de T_c respecto a C_L se debe plantear en la condición de vuelo recto horizontal estacionario, teniendo en cuenta las características del sistema de propulsión y de control del mismo. En general para configuraciones convencionales su valor es nulo o muy pequeño, Ref. 5.

Una forma de disminuir el efecto del sistema propulsivo, en las condiciones y calidad del equilibrio, es inclinar el eje de tracción para que pase más cerca del centro de masas, Fig. 2.12, de esta manera disminuye la distancia Z_p en valor absoluto o cambia de signo.

Para obtener la contribución de la fuerza normal se hace:

$$\frac{\partial C_{Nh}}{\partial C_L} = \frac{\partial C_{Nh}}{\partial \alpha} \cdot \frac{\partial \alpha}{\partial C_L} \qquad [2.3.9]$$

donde:

$$\frac{\partial C_{Nh}}{\partial \alpha}$$

se puede obtener de Ref. 6, para distintos tipos de hélices. Si bien el informe trata la fuerza lateral en función del deslizamiento, se puede extender su aplicabilidad al ángulo de ataque en razón de la semejanza del fenómeno y de la simetría axial de la hélice, de Ref. 6:

$$C_{Y_\psi} = \frac{Y_\psi}{q \cdot \frac{\pi \cdot D_h^2}{4}} = C_{N_{h_\alpha}} \qquad [2.3.10]$$

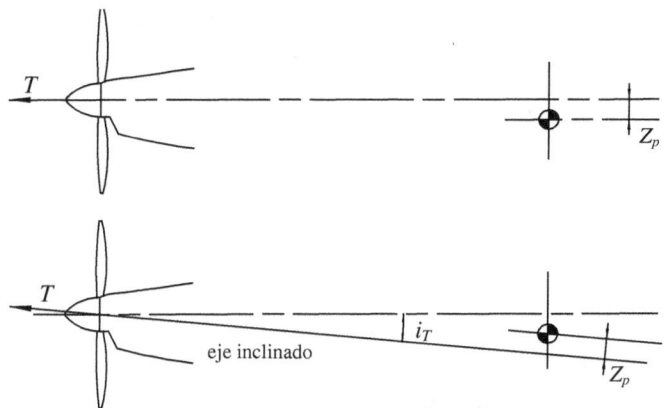

FIGURA 2.12. Eje de tracción

Las hélices se encuentran generalmente en la zona donde hace sentir su influencia el campo de movimiento del ala, deflexión vertical hacía arriba, por lo que el ángulo de ataque efectivo de la velocidad con respecto al eje de rotación, en el disco de la hélice, será:

$$\alpha_h = \alpha_w - i_w + i_T + \varepsilon_u \qquad [2.3.11]$$

Donde i_T es el calaje del eje de tracción.

Si se tiene presente la ecuación [2.2.21] y haciendo:

$$\varepsilon_u = \frac{\partial \varepsilon}{\partial \alpha} \cdot \frac{\partial \alpha}{\partial C_L} \cdot C_L \qquad [2.3.12]$$

se puede derivar la ecuación [2.3.11] con respecto a C_L y se obtiene:

$$\frac{\partial \alpha_h}{\partial C_L} = \frac{\partial \alpha}{\partial C_L} + \dot{\varepsilon}_u \cdot \frac{\partial \alpha}{\partial C_L} \qquad [2.3.13]$$

o bien:

$$\frac{\partial \alpha_h}{\partial C_L} = \frac{1 + \dot{\varepsilon}_u}{a} \qquad [2.3.14]$$

Reemplazando en la ecuación [2.3.9], resulta:

$$\frac{\partial C_{Nh}}{\partial C_L} = C_{Nh\alpha} \frac{(1 + \dot{\varepsilon}_u)}{a} \qquad [2.3.15]$$

En aviones equipados con hélices propulsoras, ubicadas cerca del borde de fuga del ala, el efecto de la variación del ángulo de ataque en la hélice es pequeño, puesto que cuando el aire abandona el borde de fuga tiende a mantener una dirección constante, que dependerá del ángulo de la línea media en el borde de fuga.

El Avión. Calidad del Equilibrio, Control y Estabilidad Dinámica.

Teniendo presente las ecuaciones [2.3.8] y [2.3.15] y el signo positivo de la derivada de la fuerza lateral (normal) con respecto a la guiñada (ángulo de ataque), vemos que si $l_p > 0$ la variación de la fuerza normal con respecto al ángulo de ataque producirá una contribución negativa a la calidad del equilibrio.

La contribución de los efectos directos del sistema propulsivo a la calidad del equilibrio; teniendo en cuenta la [2.3.15] en la ecuación [2.3.8], será:

$$\left| \Delta C m_{C_{Lh}} \right|_{directos} = \left(2 \cdot \frac{D_h^2}{S} \cdot \frac{Z_p}{C} \cdot \frac{\partial T_c}{\partial C_L} + \frac{(1 + \dot{\varepsilon}_u)}{a} \cdot \frac{l_p}{C} \cdot \frac{S_h}{S} \cdot C_{N_h\alpha} \right) \cdot n \qquad [2.3.16]$$

2.3.3. Efectos indirectos

La contribución de los denominados efectos indirectos de la aplicación de potencia en los aviones propulsados por hélices se manifiesta en las condiciones de equilibrio y en su calidad, estos efectos son principalmente:

1. Aumento de la eficiencia de la cola $(\Delta \eta_t)$ como consecuencia del aumento de la velocidad en la estela de la hélice; a mayor T_c mayor será el aumento de velocidad y por lo tanto mayor η_t. Esta relación será directa si el chorro moja completamente el empenaje horizontal, si no sucediera así habrá que tener en cuenta que porcentaje de la superficie del empenaje se encuentra afectada por la estela. Cuando el empenaje horizontal se encuentra fuera de la estela no se modifica η_t, Ref. 7.

2. Aumento de la deflexión vertical de la corriente en el empenaje horizontal como consecuencia de la fuerza normal que aparece en el disco de la hélice al ser α_h distinto de cero, este incremento será mayor en la zona afectada directamente o mojada por el chorro de la hélice. Ello se traducirá en una disminución de la contribución positiva a la calidad del equilibrio que produce el empenaje horizontal, Ref. 7.

    También puede haber un aumento de la deflexión vertical de la corriente por el incremento de sustentación que se produciría en el ala como consecuencia del chorro de la hélice, lo cual puede hacer significativo ε_0.

3. Modificación de los coeficientes aerodinámicos de la combinación ala-fuselaje: C_L, C_{m_0}, C_m y $C_{Lmáx}$, con y sin flap, que se puede producir como consecuencia de la alteración del campo de movimiento debido a la presencia de la estela de la hélice y su efecto en la distribución de presiones.

La variación de la calidad del equilibrio por aplicación de potencia, con respecto al vuelo sin la operación del sistema propulsivo, teniendo en cuenta los efectos directos e indirectos, es:

$$\Delta C_{m_{C_{Lp}}} = \left[\Delta C_{m_{C_{Lh}}} \right]_{directos} + \left[\Delta C_{m_{C_{Lh}}} \right]_{indirectos} \qquad [2.3.17]$$

lo cual implicará una variación de la posición del punto neutro.

Si se tiene presente la ecuación [2.2.39] y se define un Punto Neutro con potencia (N_{0p}), se puede escribir:

$$\frac{\partial C_m}{\partial C_L} + \Delta C_{mc_{L_{t_p}}} = \frac{X_{c.g.}}{C} - N_{0p} \qquad [2.3.18]$$

reemplazando la ecuación[2.2.39] en la ecuación [2.3.18] y despejando, se tiene:

$$N_{0p} = N_0 - \Delta C_{mc_{L_p}} \qquad [2.3.19]$$

El efecto de la aplicación de potencia se debe analizar para diferentes condiciones de vuelo y de régimen de potencia, por ejemplo: decolaje (potencia máxima), crucero (potencia de crucero), aterrizaje (tracción igual a cero), etc. Los efectos directos serán mínimos para $T_c = 0$, condición en la cual sólo habrá efectos debido a la fuerza normal.

2.3.4. Aviones a reacción

El análisis de la aplicación de potencia en aviones a reacción es similar al realizado para aviones a hélice. Están presentes los efectos directos e indirectos, estos últimos son más simples de analizar debido a que el campo de movimiento producido por el motor a reacción no tiene un movimiento rotacional importante como sucede en el caso de la hélice y también porque el chorro del motor no incide directamente sobre el empenaje horizontal debido a las elevadas temperaturas que tiene.

La contribución de los efectos directos al momento de cabeceo, Fig. 2.13, es:

$$M_p = \left(T \cdot Z_p + N \cdot l_p\right) \cdot n \qquad [2.3.20]$$

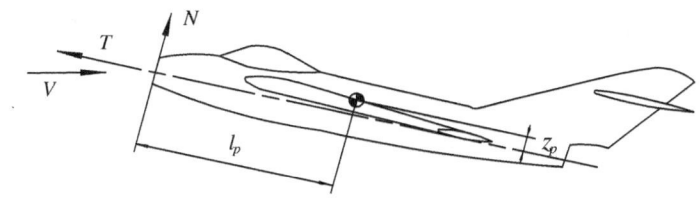

FIGURA 2.13. Efectos directos en aviones a reacción.

y en términos de coeficientes aerodinámicos resulta:

$$C_{m_p} = \left[\frac{T}{q \cdot S} \cdot \frac{Z_p}{C} + \frac{N}{q \cdot S} \cdot \frac{l_p}{C}\right] \cdot n \qquad [2.3.21]$$

donde n indica el número de motores.

El aporte a la calidad del equilibrio se obtiene derivando la ecuación [2.3.21] con respecto al C_L, denominando:

$$C_T = \frac{T}{q \cdot S} \qquad\qquad y \qquad\qquad C_N = \frac{N}{q \cdot S}$$

El Avión. Calidad del Equilibrio, Control y Estabilidad Dinámica.

se obtiene:

$$C_{m_{C_{L_p}}} = \left[\frac{\partial C_T}{\partial C_L} \cdot \frac{Z_p}{C} + \frac{\partial C_{N_p}}{\partial C_L} \cdot \frac{l_p}{C} \right] \cdot n \qquad [2.3.22]$$

La variación del coeficiente de empuje con el coeficiente de sustentación se supondrá nula, bajo la hipótesis de que el empuje no varía con la velocidad de vuelo y que durante la maniobra la relación de gas se mantiene constante.

En aviones a reacción la fuerza normal proviene de la desviación del flujo de aire entre el ingreso y la salida del motor y como consecuencia de la variación de la cantidad de movimiento en dirección normal al eje del reactor. Esta fuerza es función del caudal másico de aire que ingresa al motor y del ángulo que forman las velocidades relativas con la dirección del empuje. Suponiendo que la salida tiene la dirección del empuje y para ángulos pequeños, la fuerza normal puede ser determinada aproximadamente por:

$$N_p = \dot{m}_a \cdot \alpha_p \cdot V_p \qquad [2.3.23]$$

donde:

α_p: ángulo de ingreso del aire.

$\dot{m}_a$: caudal másico de aire.

V_p: velocidad de ingreso del aire.

El ángulo α_p se verá afectado, según sea la ubicación del motor, por la deflexión vertical del flujo del ala, ε_u ó ε_d.

$$\alpha_p = \alpha_w - i_w + i_T + \varepsilon_u \qquad [2.3.24]$$

siendo i_T el calaje del motor.

El coeficiente de fuerza normal es igual a:

$$C_{N_p} = \frac{N}{q \cdot S} = \frac{\dot{m}_a \cdot \alpha_p \cdot V_p}{q \cdot S} = \frac{2 \cdot \dot{m}_a \cdot \alpha_p \cdot V_p}{\rho \cdot V^2 \cdot S} \qquad [2.3.25]$$

y si se supone $V_p \cong V$, resulta:

$$C_{N_p} = 2 \cdot \left(\frac{\dot{m}_a}{\rho \cdot S} \cdot \frac{\alpha_p}{V} \right) \qquad [2.3.26]$$

Ahora bien:

$$\alpha_p = \alpha_w - i_w + i_T + \varepsilon_u = \frac{C_L}{a} \cdot (1 + \dot{\varepsilon}_u) + (\alpha_0 - i_w + i_T) \qquad [2.3.27]$$

reemplazando:

$$C_{N_p} = 2 \cdot \left(\frac{\dot{m}_a}{\rho \cdot S} \cdot \frac{1}{V} \right) \cdot \left(\frac{C_L}{a} \cdot (1 + \dot{\varepsilon}_u) + (\alpha_0 - i_w + i_T) \right) \qquad [2.3.28]$$

Derivando la ecuación [2.3.28] con respecto a C_L, se obtiene:

$$\frac{\partial C_{N_p}}{\partial C_L} = 2 \cdot \left(\frac{\dot{m}_a}{\rho \cdot S} \cdot \frac{(1 + \dot{\varepsilon}_u)}{a \cdot V} \right) \qquad [2.3.29]$$

Se puede expresar matemáticamente al coeficiente de fuerza normal como:

$$C_{N_p} = C_{N_{0_p}} + C_{N_{C_{L_p}}} \cdot C_L \qquad [2.3.30]$$

donde:

$$C_{N_{0p}} = 2 \cdot \left(\frac{\dot{m}_0}{\rho \cdot S} \cdot \frac{(\alpha_0 - i_w + i_T)}{V} \right) \qquad [2.3.31]$$

Se dijo previamente que los efectos indirectos provienen de las modificaciones del campo de movimiento que introduce el sistema propulsivo, en aviones a reacción estos efectos no son importantes dada las configuraciones que adoptan los aviones, salvo que el chorro del motor pase cerca del empenaje horizontal e induzca desviaciones del flujo que embiste al empenaje, Fig. 2.14.

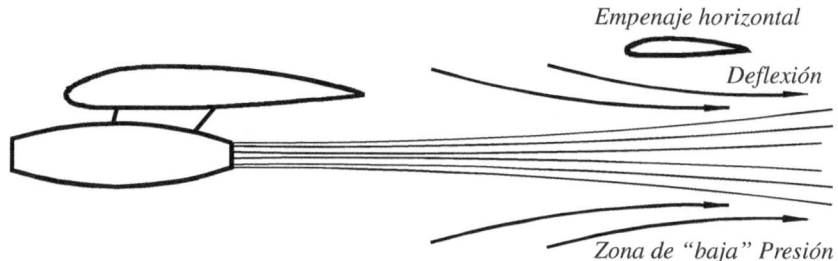

FIGURA 2.14. Efectos indirectos en aviones a reacción.

En forma semejante a los aviones a hélices el efecto de la aplicación de potencia en aviones a reacción se deberá evaluar para cada condición de vuelo y configuración geométrica, considerando todo el rango de aplicación de potencia necesaria para el vuelo, en razón de que sus efectos pueden ser importantes en las condiciones y calidad del equilibrio.

En aviones a reacción la contribución de la aplicación de potencia al momento es:

$$\Delta C_{m_p} = \left(C_T \cdot \frac{Z_p}{C} + C_N \cdot \frac{l_p}{C} \right) \cdot n \qquad [2.3.32]$$

o bien:

El Avión. Calidad del Equilibrio, Control y Estabilidad Dinámica.

$$\Delta C_{m_p} = \Delta C_{m_{0_p}} + \Delta C_{m_{C_{L_p}}} \cdot C_L \qquad\qquad [2.3.33]$$

donde:

$$\Delta C_{m_{0_p}} = \left(C_{N_{0_p}} \cdot \frac{l_p}{C} + C_{T_0} \cdot \frac{Z_p}{C} \right) \cdot n \qquad\qquad [2.3.34]$$

y si se tiene en cuenta un eventual efecto del empuje en la variación de la calidad del equilibrio como consecuencia del sistema propulsivo resulta:

$$\Delta C_{m_{C_{L_p}}} \bigg|_{directos} = \left[\frac{\partial C_T}{\partial C_L} \cdot \frac{Z_p}{C} + \frac{\partial C_{N_p}}{\partial C_L} \cdot \frac{l_p}{C} \right] \cdot n \qquad\qquad [2.3.35]$$

Lo expresado anteriormente es válido en la medida que se puedan despreciar los efectos indirectos, los cuales deberán ser evaluados para cada configuración en particular y obtener así las variaciones de la presión dinámica y la desviación del flujo en el empenaje horizontal como consecuencia del flujo que inducen los chorros de los motores.

Para aviones a reacción son válidas las ecuaciones [2.3.17] y [2.3.19] con el fin de determinar la posición del punto neutro con potencia.

CAPÍTULO 3

CONTROL LONGITUDINAL

3.1. CONTROL LONGITUDINAL

Se entiende por control longitudinal el sistema por medio del cual se puede modificar la orientación del avión con respecto a la velocidad de avance y la velocidad angular de cabeceo. Para ello es necesario que disponga de la capacidad de variar el momento alrededor del eje $y - y$ o las fuerzas externas que actúan en la dirección $x - x$ y $z - z$.

Se estudiará el problema del control longitudinal en el caso de vuelo estacionario y se supondrá que las fuerzas externas, potencia mediante, se encuentran en equilibrio permanente:

$$\Sigma F_{ext} = 0$$

Para sostener la condición de vuelo deseada, es decir un dado vector velocidad o lo que es lo mismo un dado C_L y además en equilibrio se necesita que:

$$\Sigma M_{ext} = 0$$

lo que implica necesariamente que el coeficiente del momento de cabeceo sea nulo ($Cm = 0$).

La ecuación que permite evaluar el coeficiente del momento de cabeceo para la configuración completa del avión, ec. [2.2.28], teniendo en cuenta la [2.2.16], es:

$$C_m = C_{m_{0_w}} + C_{m_{0_{f-b}}} + \frac{X_a}{C} \cdot C_L + 2 \cdot \left(\frac{C_L^2}{a_o}\right) \cdot \frac{Z_a}{C} + C_{m_{C_{L_{f-b}}}} \cdot C_L - C_{L_t} \cdot \bar{V}_t \cdot \eta_t \qquad [3.1.1]$$

La ecuación [3.1.1] muestra que hay 3 posibilidades para alcanzar la condición de equilibrio ($Cm = 0$) cuando varía el C_L de equilibrio o la velocidad del vuelo; ellas son:

1) Variar la posición del $Xc.g.$ con respecto al centro aerodinámico del ala o combinación ala-fuselaje (X_a/C)

   Este método altera la calidad del equilibrio, Fig. 3.1, lo cual no es conveniente y puede resultar peligroso. Lo utilizan las alas delta.

2) Modificar la magnitud del coeficiente de momento de cabeceo para sustentación nula del ala o combinación ala-fuselaje ($C_{m_{0_w}}$)

El Avión. Calidad del Equilibrio, Control y Estabilidad Dinámica.

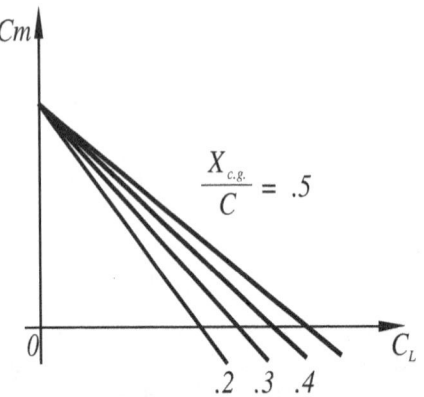

FIGURA 3.1. Influencia de la posición del centro de masas en el Cm

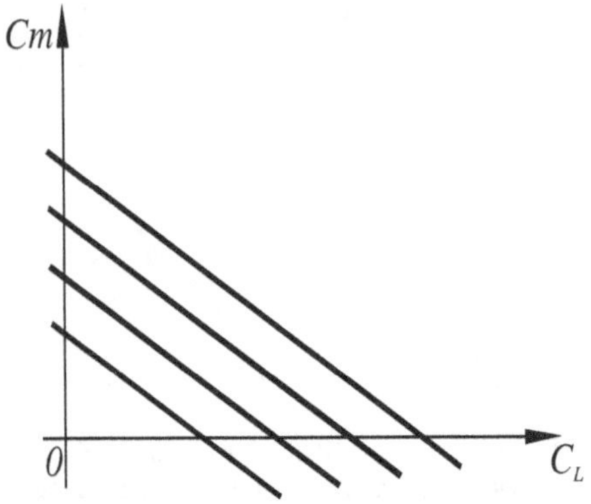

FIGURA 3.2. Influencia del momento de cabeceo libre en el Cm

Se utiliza fundamentalmente en los aviones del tipo ala volante y la variación del $(C_{m_{0_w}})$ se logra modificando la geometría del perfil alar mediante la deflexión de superficies articuladas. Tiene la ventaja de no alterar la calidad del equilibrio pero en la práctica resulta complicado y de poca capacidad, es decir que no introduce grandes cambios del momento de cabeceo. En síntesis se puede decir que modifica el C_{m_0} del avión, en la Fig. 3.2 se muestra la variación del coeficiente del momento de cabeceo en función del C_L para diferentes valores del C_{m_0}.

3)Variar la fuerza aerodinámica en el empenaje horizontal.

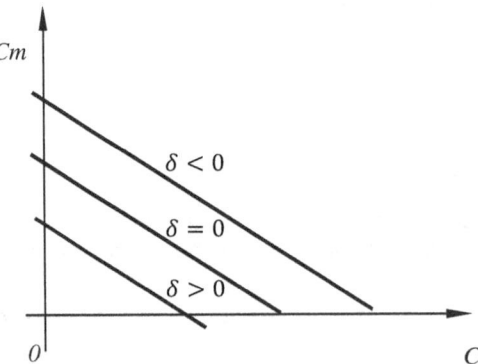

FIGURA 3.3.Cm en función del C_L para diferentes deflexiones del elevador

La modificación de la fuerza aerodinámica en el empenaje horizontal (C_{Lt}), produce un cambio en la contribución de la cola al momento de cabeceo del avión, Fig. 3.3 y no altera la calidad del equilibrio. Este sistema tiene efectos semejantes al anterior pero resulta más práctico y mucho más efectivo.

El cambio en la acción aerodinámica se logra modificando la geometría del perfil a través de una superficie articulada, timón de profundidad o elevador, ello produce un cambio en la combadura y por consiguiente una variación del ángulo de sustentación nula del empenaje horizontal.

El sistema más utilizado para el control longitudinal es este último, ver Fig. 3.4. El piloto mediante un bastón de mando, que se desplaza longitudinalmente, controla la posición del timón de profundidad.

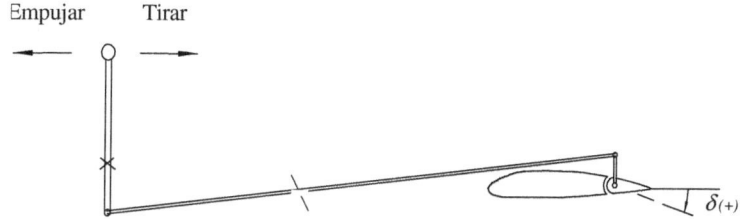

FIGURA 3.4. Esquema del control longitudinal

En la Fig. 3.5 se muestra el coeficiente de sustentación de una superficie sustentadora con una parte móvil, en función del ángulo de ataque, para diferentes ángulos de deflexión del elevador o timón de profundidad.

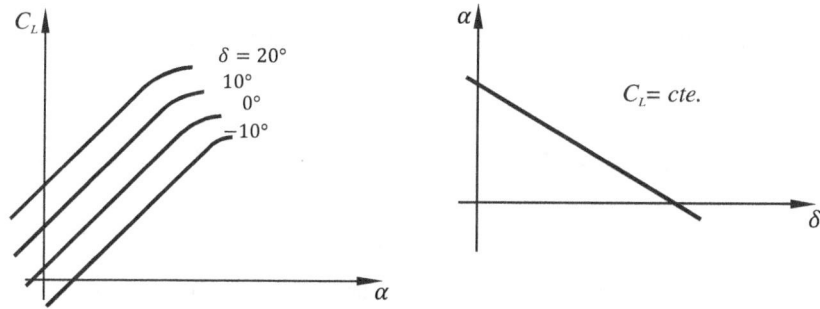

FIGURA 3.5. Coeficiente de sustentación en función del ángulo de ataque

FIGURA 3.6.Ángulo de ataque en función de la deflexión del timón de profundidad

Se define el factor de efectividad de la superficie articulada, τ, como la variación del ángulo de ataque efectivo de la superficie fija por unidad de deflexión de la superficie articulada, a C_L constante. En la Fig. 3.6 se muestra la variación de δ en función de α, la pendiente de esta curva es el factor de efectividad, el cual por convención se adopta positivo.

$$\tau = \left| \left[\frac{\partial \alpha}{\partial \delta} \right]_{C_L = cte.} \right|$$ [3.1.2]

La efectividad de la superficie móvil o aleta es una función de la geometría del perfil, de la relación de cuerdas y envergaduras de la superficie móvil a la de la superficie fija y de la posición del eje de charnela, también dependerá de los números de Reynolds y de Mach.

El Avión. Calidad del Equilibrio, Control y Estabilidad Dinámica.

$$\tau = f\left(\frac{C_f}{c}, \frac{C_b}{c}, perfil, Rey, Mach\right)$$

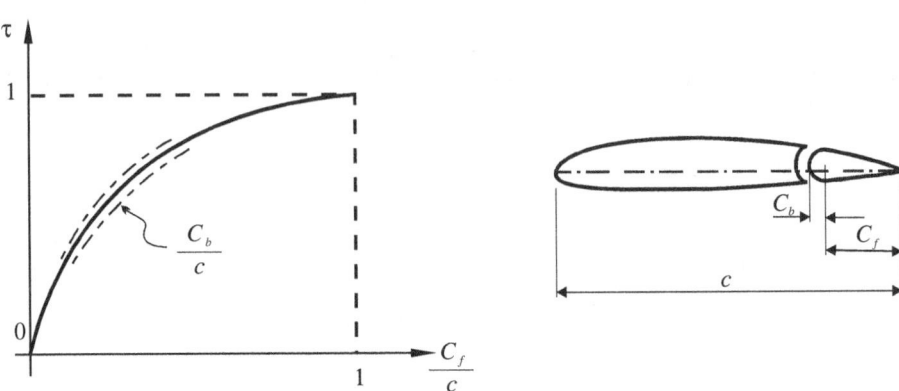

FIGURA 3.7. Efectividad de la superficie móvil en función de la relación de cuerdas

El valor de la efectividad variará entre 0 y 1, Fig. 3.7, cuando la cuerda de la superficie móvil sea nula indudablemente τ será igual a cero y cuando el control se realiza utilizando toda la superficie del empenaje horizontal valdrá 1, Ref. 8.

La variación de ángulo de ataque producido por una deflexión δ del timón de profundidad es:

$$\Delta\alpha = \tau \cdot \delta \qquad\qquad [3.1.3]$$

con lo cual el ángulo de ataque efectivo del empenaje horizontal, con perfil simétrico, resulta:

$$\alpha_t = \alpha_w - i_w + i_t - \varepsilon + \tau \cdot \delta \qquad\qquad [3.1.4]$$

La variación del coeficiente de sustentación de la superficie por deflexión del elevador es igual a:

$$\Delta C_{L_t} = a_t \cdot \Delta\alpha = a_t \cdot \tau \cdot \delta \qquad\qquad [3.1.5]$$

y el C_{L_t} del empenaje horizontal que corresponde a esta nueva condición resulta:

$$C_{L_t} = a_t \cdot \alpha_t = a_t \cdot (\alpha_w - i_w + i_t - \varepsilon + \tau \cdot \delta) \qquad\qquad [3.1.6]$$

La variación de la contribución del empenaje al momento de cabeceo del avión, debido a la deflexión del timón de profundidad, es:

$$\Delta C_{m_t} = -\Delta C_{L_t} \cdot \bar{V}_t \cdot \eta_t = -a_t \cdot \tau \cdot \delta \cdot \bar{V}_t \cdot \eta_t \qquad\qquad [3.1.7]$$

La deflexión del elevador no produce ningún cambio en la contribución al momento de cabeceo de los otros elementos que integran el avión.

3.1.1. Potencia del elevador

Se define la capacidad del control longitudinal o potencia del elevador como la magnitud de cambio del momento de cabeceo del avión por unidad de deflexión del timón y se obtiene derivando la ecuación [3.1.7] con respecto a δ:

$$C_{m_\delta} = \frac{\partial C_m}{\partial \delta} = -a_t \cdot \tau \cdot \bar{V}_t \cdot \eta_t \qquad [3.1.8]$$

La potencia del elevador es una función de la pendiente de sustentación, el volumen de cola, la efectividad de la superficie móvil y de la efectividad del empenaje horizontal; para configuraciones convencionales su valor oscila entre 2 y 3 $(-/rad)$.

El sistema de control longitudinal de un avión debe tener la capacidad necesaria para lograr equilibrar el avión $(Cm = 0)$ en todo el rango de variación del C_L.

En la práctica la máxima deflexión de una superficie articulada es del orden de los 25°, más allá de ese ángulo comienza a entrar en pérdida y pierde efectividad; por lo tanto es importante conocer el δ_e necesario para equilibrar cada valor de C_L y en especial para sus valores extremos.

Si no se considera el término que tiene en cuenta la ubicación del ala en z, la ecuación [3.1.1] resulta:

$$C_m = C_{m_{0_w}} + C_{m_{0_{f-b}}} + \frac{X_a}{C} \cdot C_L + C_{m_{C_{L\,f-b}}} \cdot C_L - a_t \cdot \bar{V}_t \cdot \eta_t \cdot \alpha_t \qquad [3.1.9]$$

Se sabe que:

$$\alpha_w = \frac{C_L}{a_w} + \alpha_0 \qquad \text{y} \qquad \varepsilon = \dot{\varepsilon} \cdot \frac{C_L}{a}$$

por lo tanto el ángulo de ataque efectivo del empenaje horizontal, ecuación [3.1.4], si se considera que ε_0 es nulo, resulta:

$$\alpha_t = \alpha_w - i_w + i_t - \varepsilon + \tau \cdot \delta = \left(\frac{C_L}{a}\right) \cdot (1 - \dot{\varepsilon}) + \alpha_0 - i_w + i_t + \tau \cdot \delta \qquad [3.1.10]$$

Reemplazando en la ecuación [3.1.9] la expresión de α_t ecuación [3.1.10], se obtiene:

$$C_m = C_{m_{0_w}} + \frac{X_a}{C} \cdot C_L + C_{m_{0_{f-b}}} + C_{m_{C_{L\,f-b}}} \cdot C_L - \frac{a_t}{a} \cdot \bar{V}_t \cdot \eta_t \cdot (1 - \dot{\varepsilon}) \cdot C_L - a_t$$
$$\cdot \bar{V}_t \cdot \eta_t \cdot (\alpha_0 - i_w + i_t + \tau \cdot \delta) \qquad [3.1.11]$$

Si se denomina:

$$C_{m_0} = C_{m_{0_w}} + C_{m_{0_{f-b}}} - a_t \cdot \bar{V}_t \cdot \eta_t \cdot (\alpha_0 - i_w + i_t) \qquad [3.1.12]$$

se tiene, sacando factor común C_L:

El Avión. Calidad del Equilibrio, Control y Estabilidad Dinámica.

$$C_m = C_{m_0} + \left[\frac{X_a}{C} + C_{m_{C_L f - b}} - \frac{a_t}{a} \cdot \bar{V}_t \cdot \eta_t \cdot (1 - \dot{\varepsilon}) \right] \cdot C_L - a_t \cdot \bar{V}_t \cdot \eta_t \cdot \tau \cdot \delta \qquad [3.1.13]$$

El ángulo de deflexión del elevador (δ_e) necesario para lograr la condición de equilibrio, $Cm = 0$, se obtiene igualando a cero la ecuación [3.1.13]; considerando la [3.1.8] y despejando:

$$\delta_e = -\frac{C_{m_0}}{C_{m_\delta}} - \frac{\frac{X_a}{C} + C_{m_{C_L f - b}} - \frac{a_t}{a} \cdot \bar{V}_t \cdot \eta_t \cdot (1 - \dot{\varepsilon})}{C_{m_\delta}} \cdot C_L \qquad [3.1.14]$$

Teniendo presente las ecuaciones [2.2.37], [2.2.38] y [2.2.39], la [3.1.14] resulta:

$$\delta_{e_0} = -\frac{C_{m_0}}{C_{m_\delta}} - \left(\frac{\frac{X_{c.g.}}{C} - N_0}{C_{m_\delta}} \right) \cdot C_L = -\frac{C_{m_0}}{C_{m_\delta}} - \frac{C_{m_{C_L}}}{C_{m_\delta}} \cdot C_L \qquad [3.1.15]$$

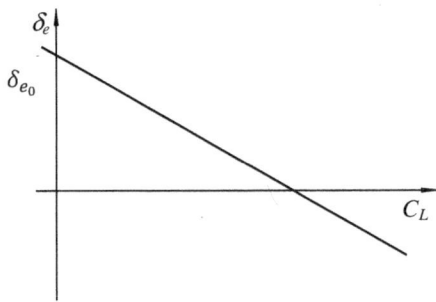

FIGURA 3.8. Deflexión del elevador en función del coeficiente de sustentación

Esta ecuación es de primer grado en C_L, Fig. 3.8, por lo que se la puede poner de la siguiente forma:

$$\delta_e = \delta_{e_0} + \frac{\partial \delta}{\partial C_L} \cdot C_L \qquad [3.1.16]$$

donde:

$$\delta_{e_0} = -\frac{C_{m_0}}{C_{m_\delta}} \qquad [3.1.17]$$

es el ángulo de deflexión necesario para alcanzar la condición de equilibrio a un valor nulo del coeficiente de sustentación $(CL = 0)$ y:

$$\frac{\partial \delta}{\partial C_L} = -\frac{C_{m_{C_L}}}{C_{m_\delta}} \qquad [3.1.18]$$

es la pendiente de la recta.

Si se desarrollan los términos de la ecuación [3.1.17], se obtiene:

$$\delta_{e_0} = -\frac{C_{m_0}}{C_{m_\delta}} = \frac{C_{m_{0_w}} + C_{m_{0_{f-b}}} - a_t \cdot \bar{V}_t \cdot \eta_t \cdot (\alpha_0 - i_w + i_t)}{a_t \cdot \bar{V}_t \cdot \eta_t \cdot \tau} \qquad [3.1.19]$$

ó:

$$\delta_{e_0} = -\left(\frac{\alpha_0 - i_w + i_t}{\tau}\right) - \frac{\sum_{i=1}^{n} C_{m_{0_i}}}{C_{m_\delta}} \qquad [3.1.20]$$

donde i es el número de elementos que integran el avión.

La pendiente de la recta, ecuación [3.1.18] se puede escribir de la siguiente forma:

$$\delta_{C_L} = -\frac{C_{m_{C_L}}}{C_{m_\delta}} = \frac{N_0 - (X_{c.g.}/C)}{C_{m_\delta}} \qquad [3.1.21]$$

Expresión que pone en evidencia el efecto que tiene la posición del centro de masas en la deflexión necesaria para alcanzar la condición de equilibrio (δ_e) a un C_L determinado, Fig. 3.9.

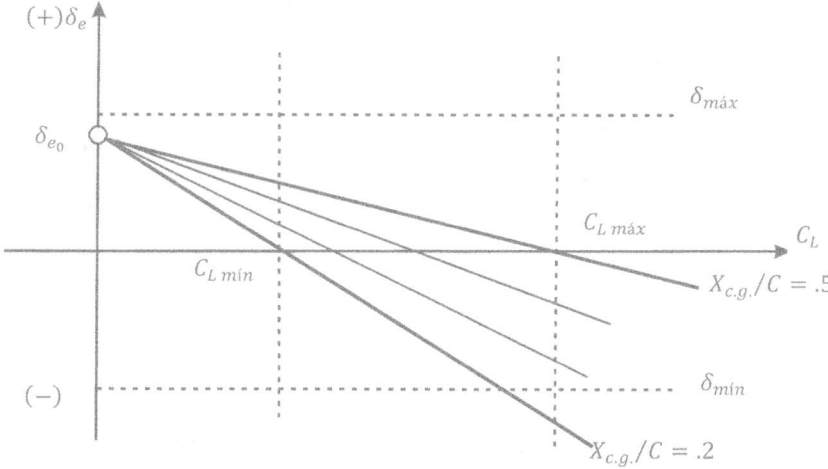

FIGURA 3.9. δ_e en función del C_L para distintas posiciones del centro de masas

En el gráfico de la Fig. 3.9 se muestran los valores de δ_e correspondientes al C_{Lmax} y C_{Lmin}, para determinadas posiciones del centro de masa. A medida que este se desplaza hacia delante, la calidad del equilibrio se incrementa y también la pendiente de la curva, con lo cual para alcanzar el mismo C_L se necesita un menor ángulo de deflexión.

De acuerdo a la convención de signos adoptada para aumentar el C_L de equilibrio se necesita un menor δ lo que implica que el piloto debe desplazar el bastón hacia atrás, es decir tirar del mando longitudinal del avión. Cabe recordar que en la condición de vuelo recto horizontal estacionario, $L = W$, aumentar el coeficiente de sustentación implica una menor velocidad de vuelo.

El Avión. Calidad del Equilibrio, Control y Estabilidad Dinámica.

Cuando la calidad del equilibrio es nula, Fig. 3.9, se ve que el δ necesario para equilibrar el avión es constante y su valor corresponde al δ_0. Si la configuración tuviera una calidad del equilibrio negativa $\left(C_{m_{C_L}} > 0 \right)$ la pendiente de la curva sería positiva y el sentido de variación de la deflexión de la superficie se invierte, en esta situación el piloto debería mover el bastón en sentido contrario al normal para lograr una nueva condición de equilibrio.

En síntesis, por condiciones de control se requiere que:

$$\frac{\partial \delta}{\delta C_L} < 0$$

lo cual implica que el avión debe tener una calidad de equilibrio positiva, es decir:

$$C_{m_{C_L}} < 0$$

El δ de equilibrio, necesario para alcanzar un determinado C_L, es función de la posición del centro de masas $(X_{c.g.})$, de la configuración del avión a través del C_{m_0} y del punto neutro (N_0) y de la potencia del elevador C_{m_δ}.

3.2. POSICIONES MÁS ADELANTADAS DEL X$_{C.G.}$ DE VUELO

En el punto anterior se determinó la deflexión necesaria para alcanzar la condición de equilibrio a un determinado coeficiente de sustentación y se puso de manifiesto la importante influencia que tiene la posición del centro de masas. Cuanto más grande sea la calidad del equilibrio mayor será el requerimiento del control longitudinal para cambiar la velocidad de vuelo, por ello resulta fundamental determinar, en las condiciones más desfavorables que se puedan presentar, cuál será la posición más adelantada en la que se puede ubicar el $X_{c.g.}$ y alcanzar el equilibrio, $C_m = 0$.

Se sabe que:

$$\delta_e = -\frac{C_{m_0}}{C_{m_\delta}} - \frac{\frac{X_{c.g.}}{C} - N_0}{C_{m_\delta}} \cdot C_L \qquad\qquad [3.2.1]$$

expresión de la cual se puede despejar la posición del $X_{c.g.}$ en función del C_L y de δ_e, para la condición de equilibrio.

$$\frac{X_{c.g.}}{C} = N_0 - \left(\frac{1}{C_L}\right) \cdot \left[(C_{m_\delta} \cdot \delta_e) + C_{m_0} \right] \qquad\qquad [3.2.2]$$

En general $C_{m_0} > 0$ y $C_{m_\delta} < 0$, por lo que resulta que para deflexiones negativas $(\delta < 0)$ y coeficientes de sustentación positivos $C_L > 0$, el $X_{c.g.}$ de equilibrio se posicionará por delante del punto neutro (N_0). En la Fig. 3.10 se muestra el esquema de fuerzas y momentos en esta última condición.

Si se tiene presente que el valor que puede tener la potencia del control longitudinal $\left(C_{m_\delta} \right)$ está limitado por las condiciones generales de la configuración del empenaje horizontal y que la mínima deflexión posible del elevador, por limitaciones aerodinámicas es del orden de - 25°, la posición más adelantada del centro de masas para la cual se puede alcanzar el equilibrio a C_{Lmax} será una importante limitación en el rango de desplazamiento del centro de masas.

FIGURA 3.10. Esquema de fuerzas y momentos

La posición más adelantada en la cual se puede posicionar el centro de masas $\left(A_{c.g.}\right)$, Fig. 3.11, y alcanzar la condición de equilibrio para C_{Lmax}, con la mínima deflexión del elevador $(\delta_e < 0)$, dependerá también de la configuración del avión a través de C_{m_0}.

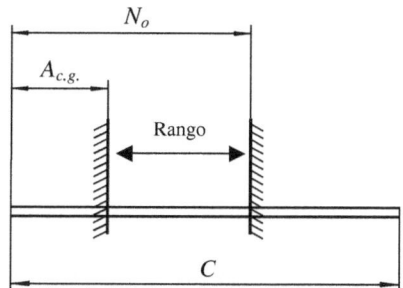

FIGURA 3.11. Rango de desplazamiento del centro de masas

De la ecuación [3.2.2] se obtiene el rango de desplazamiento que puede tener el centro de masas del avión manteniendo positiva la calidad del equilibrio y en una condición de equilibrio para un determinado C_L, Fig. 3.11.

$$N_0 - \frac{X_{c.g.equilibrio}}{C} = \frac{\left(C_{m_\delta} \cdot \delta\right) + C_{m_0}}{C_L} \qquad [3.2.3]$$

o bien:

$$N_0 - \frac{X_{c.g.equilibrio}}{C} = \frac{C_{m_\delta}}{C_L} \cdot (\delta - \delta_{e0}) \qquad [3.2.4]$$

Rangos negativos no son de interés práctico por los problemas de calidad del equilibrio que representan pero si el de mínimo valor positivo, lo cual significa que el $X_{c.g.}$ está en la posición más cercana al N_0.

El rango de desplazamiento disminuye para:

El Avión. Calidad del Equilibrio, Control y Estabilidad Dinámica.

1) Mayor C_L.

2) Menor C_{m_δ}.

3) Menor δ (negativo).

4) Menor C_{m_0} (positivo).

Resulta importante determinar cuál será la posición más atrasada de todas las posiciones más adelantadas que se puede ubicar el centro de masas $\left(A_{c.g.}\right)$ para garantizar la controlabilidad del avión. Esta se dará para las siguientes condiciones: máximo C_L y mínimo C_{m_0}, de todas las posibles configuraciones de vuelo que tenga el avión, suponiendo constantes C_{m_δ} y el δ_{min}.

3.2.1. Configuraciones

Crucero:

Para determinar cuál será la posición más atrasada posible para lograr la condición de equilibrio con la máxima deflexión negativa del timón de profundidad, se debe utilizar el punto neutro más atrasado, generalmente lo es el N_0 con mando fijo y sin potencia, ya que el efecto del sistema propulsivo puede correr hacia delante el punto neutro.

$$\frac{A_{c.g.}}{C} = N_{0_{más\ atrasado}} - \left(\frac{1}{C_{L_{máx_{cruc}}}}\right) \cdot \left[\left(C_{m_\delta} \cdot \delta_{mín}\right) + C_{m_{0_{cruc}}}\right] \qquad [3.2.5]$$

Cuando se exige para un avión una gran capacidad de maniobra se debe analizar las condiciones de control en maniobra.

Aterrizaje:

En esta configuración se presenta el mayor valor del C_L, por otro lado los flaps extendidos y el tren de aterrizaje modifican el C_{m_0} del avión. También se puede producir cambios en el α_0 y en la deflexión vertical de la estela por la deflexión de los flaps. Eventualmente puede haber una contribución a la calidad del equilibrio como consecuencia de la extensión del tren de aterrizaje.

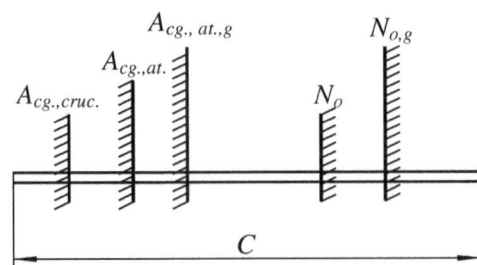

FIGURA 3.12. Límites delanteros para la posición del centro de masas

Generalmente se presenta para esta configuración la condición más crítica, es decir la posición más atrasada del $A_{c.g.}$. En la Fig. 3.12 se muestra las posiciones más adelantadas que se presentan para aviones convencionales.

3.2.2. Efecto suelo

La deflexión vertical de la estela (ε) es función de la geometría de la planta alar y su alargamiento, de la geometría del perfil, del C_L o del ángulo de sustentación, como así también de la posición del punto donde se evalúa, por ejemplo el centro aerodinámico del empenaje horizontal.

Se denomina efecto suelo a la presencia de la tierra (aterrizaje) en el campo de movimiento del avión, lo cual produce una disminución de la deflexión vertical de la corriente de aire aguas abajo de la superficie sustentadora, como consecuencia de la restricción que impone el suelo, Fig. 3.13. Esto produce un incremento aparente del alargamiento efectivo de la superficie, lo cual se traduce en un aumento de la pendiente de sustentación, Fig. 3.13.

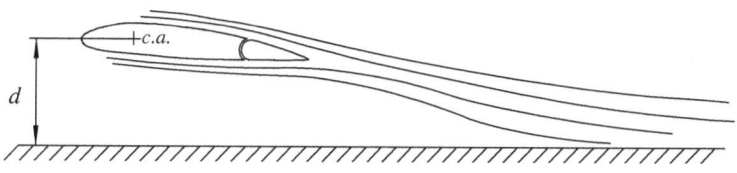

FIGURA 3.13. Efecto suelo.

El efecto comienza a hacerse sentir para distancias, del suelo al centro aerodinámico de la respectiva superficie sustentadora, inferiores a la semienvergadura de la mismay produce variaciones en los valores de ε y en $\partial\varepsilon/\partial\alpha$, lo cual afectará a las condiciones y calidad del equilibrio respectivamente, Refs. 5, 7 y 9.

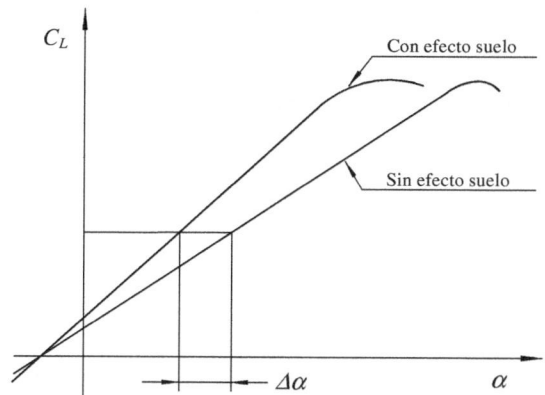

FIGURA 3.14. Efecto suelo en la pendiente de sustentación

La disminución de ε y de $\partial\varepsilon/\partial\alpha$ se traduce en un aumento de la contribución del empenaje a la calidad del equilibrio y como consecuencia de ello serán mayoreslos requisitos de controlabilidad.

Se puede escribir:

El Avión. Calidad del Equilibrio, Control y Estabilidad Dinámica.

$$\varepsilon_g = \zeta \cdot \varepsilon \qquad [3.2.6]$$

y

$$\left[\frac{\partial \varepsilon}{\partial \alpha}\right]_g = \zeta \cdot \left[\frac{\partial \varepsilon}{\partial \alpha}\right] \qquad [3.2.7]$$

adoptándose en la práctica y como primera estimación un valor de 0.5 para ζ, Ref. 8.

El efecto suelo afecta las pendientes de sustentación del ala y del empenaje horizontal (a_t, a_w) y por lo tanto a los ángulos de ataque de las superficies (α_w, α_t) si se desean mantener constantes los respectivos C_L.

La variación del ángulo de ataque que se produce como consecuencia del efecto suelo se evalúa mediante la siguiente expresión:

$$\alpha_g - \alpha = \Delta\alpha_g = \frac{C_L}{a_g} - \frac{C_L}{a} = \frac{C_L}{a} \cdot \left[\frac{a}{a_g} - 1\right] \qquad [3.2.8]$$

El punto neutro con efecto suelo se calcula teniendo en cuenta los cambios que se producen en las pendientes de sustentación y en la deflexión vertical de la estela.

$$N_{0g} = \frac{X_{ca}}{C} - C_{m_{C_{L f-b}}} + \frac{a_{tg}}{a_g} \cdot \bar{V}_t \cdot \eta_t \cdot \left[1 - \left(\frac{\partial \varepsilon}{\partial \alpha}\right)_g\right] \qquad [3.2.9]$$

Si bien a y a_t aumentan con el efecto suelo la relación a_t/a mantiene prácticamente su valor por lo que la disminución de la deflexión vertical de la estela (~ 50 %) produce un corrimiento hacia atrás del punto neutro con efecto suelo, respecto a la condición de vuelo libre.

La posición más adelantada del centro de masas para la cual se puede alcanzar la condición de equilibrio, con efecto suelo, será:

$$\left(\frac{A_{c.g.}}{C}\right)_g = N_{0g} - \left(\frac{1}{C_{Lmax}}\right) \cdot \left(C_{m_{\delta g}} \cdot \delta_{min} + C_{m_{0g}}\right) \qquad [3.2.10]$$

o bien:

$$\left(\frac{A_{c.g.}}{C}\right)_g = N_{0g} - \left(\frac{C_{m_{\delta g}}}{C_{Lmax}}\right) \cdot \left(\delta_{min} - \delta_{e_0}\right) \qquad [3.2.11]$$

donde:

$$C_{m_{\delta g}} = -a_{t_g} \cdot \bar{V}_t \cdot \eta_t \cdot \tau = -a_t \cdot \left(\frac{a_{t_g}}{a_t}\right) \cdot \bar{V}_t \cdot \eta_t \cdot \tau \qquad [3.2.12]$$

CAPÍTULO 4

CALIDAD DEL EQUILIBRIO LONGITUDINAL CON MANDO LIBRE

4.1. SUPERFICIES ARTICULADAS

En la Fig. 4.1 se muestran los parámetros geométricos característicos de un perfil con una superficie articulada, C_f es la distancia desde el eje de charnela al borde de fuga, C_b la distancia del borde de ataque de la parte móvil al eje de charnela, c la cuerda del perfil y d_f es el ancho de la ranura entre la parte fija y móvil.

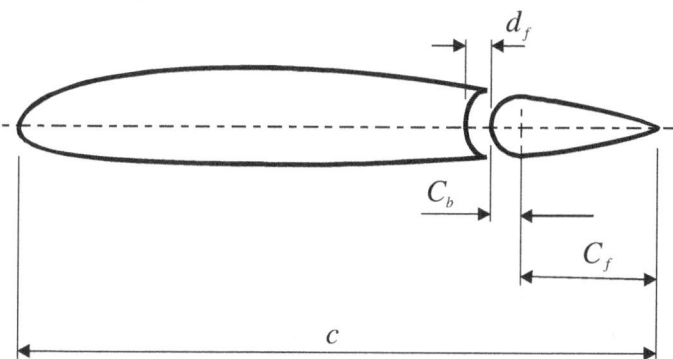

FIGURA 4.1. Superficie articulada

Cuando el perfil se encuentra sumergido en una corriente de aire, la distribución de presiones en la superficie móvil produce un momento alrededor del eje de charnela que se denomina momento de charnela (M_h), el cual es importante, puesto que lo tiene que contrarrestar el piloto para mantener la deflexión de la superficie de control demandada para realizar la maniobra. El momento de charnela se puede expresar en términos de un coeficiente aerodinámico, C_h, similar a los otros coeficientes aerodinámicos. Se adopta como positivo el momento de charnela que tiende a bajar la superficie móvil, aumentando el ángulo de deflexión δ, el cual se define como positivo cuando el borde de fuga rota en sentido antihorario, cuando se lo mira desde la dirección positiva del eje $y - y$, Fig. 4.2.

Se puede expresar:

$$M_h = C_h \cdot q \cdot S_f \cdot C_f$$

El Avión. Calidad del Equilibrio, Control y Estabilidad Dinámica.

donde:

$$S_f = C_f \cdot b_f$$

es la superficie de la parte móvil por atrás del eje de charnela con una envergadura b_f. El coeficiente del momento de charnela es igual a:

$$C_h = \frac{M_h}{q \cdot S_f \cdot C_f}$$

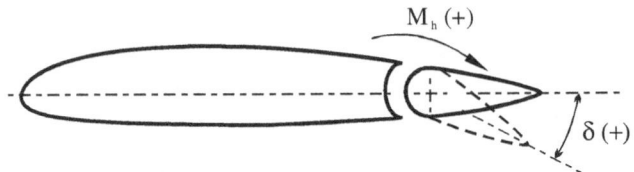

FIGURA 4.2. Momento de Charnela

La distribución de presiones en un perfil es función de su geometría, del ángulo ataque y del ángulo de deflexión de la parte móvil. Para un perfil simétrico, $\alpha = 0$ y $\delta = 0$, la distribución es simétrica y por lo tanto el coeficiente del momento de charnela (C_{h_0}) es nulo, no así cuando el perfil es asimétrico.

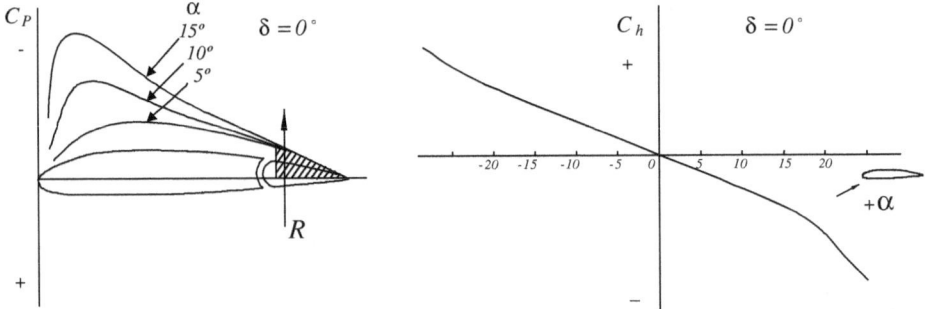

FIGURA 4.3. Distribución de presión para diferentes ángulos de ataque

FIGURA 4.4. Momento de charnela en función del ángulo de ataque

En un perfil simétrico si se mantiene $\delta = 0$ y se varía el ángulo de ataque, la distribución de presiones cambia con el ángulo y por lo tanto también lo hará el momento de charnela y su coeficiente. En la Fig. 4.3 se muestra la distribución de presiones mediante el coeficiente de presión $(C_p = \Delta P / q)$ para diferentes ángulos de ataque (α) y en la Fig. 4.4 el coeficiente del momento de charnela en función del ángulo de ataque (α).

Si se mantiene constante el ángulo de ataque y se varía la deflexión de la superficie móvil se obtienen las distribuciones de presiones representadas en la Fig. 4.5. El coeficiente del momento de charnela en función de la deflexión, para un ángulo de ataque nulo, se muestra en la Fig. 4.6.

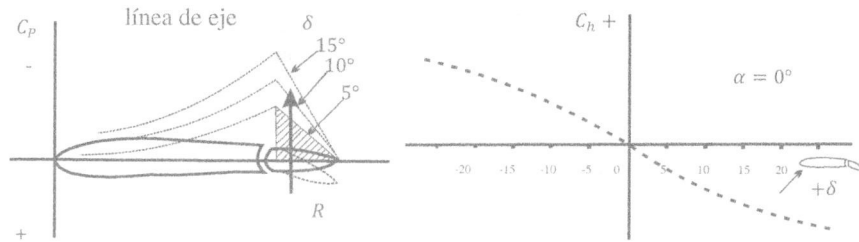

FIGURA 4.5. Distribución de presión para diferentes deflexiones del elevador

FIGURA 4.6. Momento de charnela en función de la deflexión del elevador

Se observa que la variación de C_h en función del ángulo de ataque y la deflexión del elevador es prácticamente lineal; denominando:

$$C_{h_\alpha} = \left[\frac{\partial C_h}{\partial \alpha}\right]_{\delta=0}$$

y

$$C_{h_\delta} = \left[\frac{\partial C_h}{\partial \delta}\right]_{\alpha=0}$$

se puede escribir, para perfiles asimétricos y bajo el principio de la independencia de las acciones y superposición de los efectos:

$$C_h = C_{h_0} + \left(C_{h_\alpha} \cdot \alpha\right) + \left(C_{h_\delta} \cdot \delta\right) \qquad [4.1.1]$$

C_{h_α} y C_{h_δ} tienen el carácter de derivadas parciales y representan la variación del coeficiente del momento de charnela por unidad de variación de α y δ, respectivamente, mientras los otros parámetros se mantienen constantes. Sus valores son usualmente negativos pero dependen esencialmente de la posición del eje de charnela.

En el caso particular de perfiles simétricos el valor de C_{h_0} es nulo y la expresión del coeficiente del momento de charnela es:

$$C_h = \left(C_{h_\alpha} \cdot \alpha\right) + \left(C_{h_\delta} \cdot \delta\right) \qquad [4.1.2]$$

Estas expresiones son especialmente válidas en la zona de aerodinámica lineal, es decir para pequeños valores del ángulo de ataque y de deflexión o sea cuando no ha comenzado aún el fenómeno de separación del flujo.

Los coeficientes del momento de charnela son coeficientes aerodinámicos, y como tales se rigen por las mismas reglas de similitud dinámica; las cuales tienen en cuenta: la geometría del perfil, las dimensiones relativas de la cuerda de la parte móvil (c_f/c), la ubicación del eje de charnela (c_b/c), los números de Reynolds y de Mach y las dimensiones y forma de la ranura entre la superficie fija y la parte móvil.

En la bibliografía, Ref. 7 y 9, existen diversos métodos para determinar el valor de los coeficientes bidimensionales del momento de charnela $\left(C_{h_\alpha} \text{ y } C_{h_\delta}\right)$, varios de ellos se basan

El Avión. Calidad del Equilibrio, Control y Estabilidad Dinámica.

en datos obtenidos a través de múltiples ensayos aerodinámicos en túneles de viento. Sin embargo no resulta fácil lograr valores altamente confiables puesto que estos coeficientes son muy sensibles al desprendimiento del flujo, fenómeno que por lo general comienza en el borde fuga. En estas condiciones aún pequeñas alteraciones en la distribución de presiones producen cambios importantes en C_h, como consecuencia de la distancia que hay entre el eje de charnela y la zona de separación, Fig. 4.7.

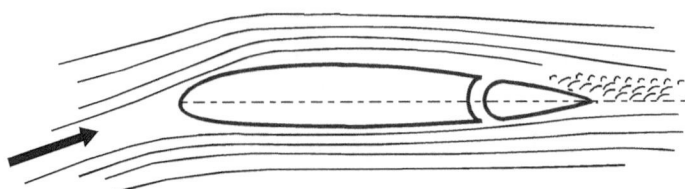

FIGURA 4.7. Separación local

La modificación de la geometría en la zona del borde de fuga de la superficie móvil cambia localmente la distribución de presiones; si bien las variaciones en la presiones son de pequeña magnitud, también será pequeño el cambio en la fuerza resultante local, pero se producen variaciones a tener en cuenta en los momentos de charnela, pues el brazo de palanca es relativamente grande. Cambiar el ángulo del borde de fuga del perfil es un procedimiento utilizado para variar los coeficientes del momento de charnela; las curvas de la Fig. 4.8 muestran la variación de los coeficientes del momento de charnela en función del ángulo del borde de fuga para un perfil NACA 0009 con una superficie móvil de 0.2 c.

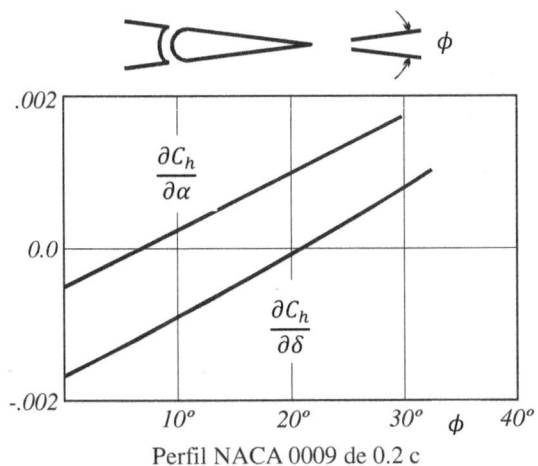

Perfil NACA 0009 de 0.2 c

FIGURA 4.8. Coeficientes del momento de charnela en función del ángulo del borde de fuga

El efecto del cambio en el ángulo del borde de fuga puede ser evaluado utilizando las siguientes expresiones, Ref. 8:

$$\Delta C_{h_\alpha} = 0.005 \cdot a_0 \cdot \Delta\phi_{B.de F.} \qquad [4.1.3]$$

$$\Delta C_{h_\delta} = 0.0078 \cdot a_0 \cdot \Delta\phi_{B.de F.} \cdot \tau \tag{4.1.4}$$

4.1.1. Coeficientes de charnela tridimensionales

La principal diferencia que hay entre el campo de movimiento bidimensional y el tridimensional es la variación del ángulo de ataque efectivo, como consecuencia de la deflexión vertical de la corriente que deja la superficie sustentadora, cuando la envergadura de la misma es finita. Esta diferencia de ángulo de ataque es lo que se conoce como ángulo de ataque inducido, el cual en primera aproximación se puede decir que es igual:

$$\alpha_i = \frac{C_L}{\pi \cdot \Lambda_{ef}} \tag{4.1.5}$$

Suponiendo una superficie simétrica y δ nulo, el coeficiente del momento de charnela tridimensional C_H será:

$$C_H = C_{h_\alpha} \cdot \alpha_{ef} \tag{4.1.6}$$

Teniendo en cuenta que el ángulo de ataque efectivo que ve la superficie es:

$$\alpha_{ef} = \alpha_{geom} - \alpha_i \tag{4.1.7}$$

y utilizando las ecuaciones [4.1.7] y [4.1.5], la ecuación [4.1.6] resulta:

$$C_H = C_{h_\alpha} \cdot \left(\alpha_{geom} - \frac{C_L}{\pi \cdot \Lambda_{ef}} \right) \tag{4.1.8}$$

Derivando la ecuación [4.1.8] con respecto a α se tiene:

$$C_{H_\alpha} = \frac{\partial C_H}{\partial \alpha} = C_{h_\alpha} \cdot \left[1 - \frac{\partial C_L}{\partial \alpha} \cdot \frac{1}{\pi \cdot \Lambda_{ef}} \right] = C_{h_\alpha} \cdot \left(1 - \frac{a}{\pi \cdot \Lambda_{ef}} \right) \tag{4.1.9}$$

Recordando que:

$$a = \frac{a_0}{1 + \frac{a_0}{\pi \cdot \Lambda_{ef}}}$$

operando y despejando se obtiene:

$$\frac{a}{a_0} = 1 - \frac{a}{\pi \cdot \Lambda_{ef}}$$

Teniendo en cuenta esta última expresión, la derivada del coeficiente del momento de charnela con respecto a α, ecuación [4.1.9], resulta:

El Avión. Calidad del Equilibrio, Control y Estabilidad Dinámica.

$$C_{H_\alpha} = C_{h_\alpha} \cdot \left(\frac{a}{a_0}\right)$$

[4.1.10]

Cuando se deflecta una superficie móvil se produce una variación del ángulo de ataque para sustentación nula (α_0), proporcional a la deflexión:

$$\Delta\alpha_0 = \tau \cdot \delta$$

[4.1.11]

con lo cual se modificará, para un dado ángulo de ataque geométrico, la distribución de presiones sobre la superficie como consecuencia de la variación del ángulo de ataque efectivo y por ende el momento de charnela. Si suponemos perfil simétrico y un ángulo de ataque nulo $(\alpha = 0)$, el coeficiente del momento de charnela tridimensional, para una superficie móvil que tenga la misma envergadura que la fija, será igual a:

$$C_H = \left(C_{h_\delta} \cdot \delta\right) + \left(C_{H_\alpha} - C_{h_\alpha}\right) \cdot \Delta\alpha_0$$

[4.1.12]

reemplazando términos:

$$C_H = \left(C_{h_\delta} \cdot \delta\right) + \left(C_{H_\alpha} - C_{h_\alpha}\right) \cdot \tau \cdot \delta$$

y derivando con respecto a δ se obtiene la derivada del coeficiente del momento de charnela tridimensional con respecto a la deflexión de la superficie articulada:

$$C_{H_\delta} = C_{h_\delta} + \tau \cdot \left(C_{H_\alpha} - C_{h_\alpha}\right)$$

[4.1.13]

4.2. CARACTERÍSTICAS DE FLOTABILIDAD

Si se analiza la distribución de presiones que se presenta en un perfil cuando se mantiene δ constante y varía α, Fig. 4.3, se ve que en la superficie móvil, a medida que aumenta el ángulo de ataque, se produce una mayor depresión, lo cual produce una disminución del momento de charnela, aumenta su valor negativo, ello tiende a hacer rotar la superficie articulada tratando de orientarla en la dirección del viento relativo, por esta circunstancia se conoce a C_{H_α} como la característica de flotabilidad de la superficie móvil.

Cuando se mantiene α constante y se hace variar δ, Fig. 4.5, a medida que aumenta la deflexión del elevador se genera una depresión en el extradós de la parte móvil lo cual tiene como consecuencia un momento de charnela que se opone a la deflexión de la parte móvil, es por esto que al C_{H_δ} se lo conoce como momento restituyente.

Bajo la hipótesis de que la superficie móvil se encuentra balanceada estáticamente, es decir su centro de masas coincide con el eje de charnela, resulta importante determinar cuál será el ángulo que adoptaría el timón de profundidad si el piloto deja el mando libre, situación en la cual el momento de charnela y por ende su coeficiente es nulo:

$$C_H = C_{H_0} + \left(C_{H_\alpha} \cdot \alpha\right) + \left(C_{H_\delta} \cdot \delta\right) = 0$$

Si se considera un perfil simétrico, C_{H_0} es nulo y despejando de la ecuación anterior el valor de δ que corresponde a la condición de mando libre, se obtiene:

$$\delta_{flot} = -\left(\frac{C_{H_\alpha}}{C_{H_\delta}}\right) \cdot \alpha \qquad [4.2.1]$$

FIGURA 4.11. Ángulo de flotación

En condiciones de mando libre o de flotación la tendencia a flotar se equilibra con el momento restituyente y para valores de C_{H_α} y C_{H_δ} del mismo signo, el ángulo de flotación $\left(\delta_{flot}\right)$ es de signo contrario al de α, Fig. 4.11.

A C_{H_α} se lo denomina también balanceo aerodinámico y cuando es nulo se dice que la superficie móvil está aerodinámicamente balanceada, en ese caso el ángulo de flotación será siempre nulo e independiente del ángulo de ataque.

Se puede utilizar el concepto de ángulo de flotación para obtener una nueva expresión del coeficiente del momento de charnela, el cual para la condición con mando libre se puede expresar mediante:

$$C_H = C_{H_0} + \left(C_{H_\alpha} \cdot \alpha\right) + \left(C_{H_\delta} \cdot \delta_{flot}\right) = 0$$

despejando se obtiene:

$$\alpha = \frac{-\left(C_{H_\delta} \cdot \delta_{flot}\right) - C_{H_0}}{C_{H_\alpha}}$$

Si introducimos este valor de α en la ecuación del coeficiente del momento de charnela:

$$C_H = C_{H_0} + \left(C_{H_\alpha} \cdot \alpha\right) + \left(C_{H_\delta} \cdot \delta\right) \qquad [4.2.2]$$

se obtiene el coeficiente del momento de charnela en función de δ y del δ_{flot}:

$$C_H = C_{H_\delta} \cdot \left(\delta - \delta_{flot}\right) \qquad [4.2.3]$$

En esta expresión se puede observar que el signo del momento de charnela depende de la diferencia $\left(\delta - \delta_{flot}\right)$.

El Avión. Calidad del Equilibrio, Control y Estabilidad Dinámica.

4.2.1. Aletas compensadoras

Se denominan aletas compensadoras (tab) a relativamente pequeñas superficies móviles que se encuentran generalmente en las superficies principales de control (timón de profundidad, alerones, etc.), su principal acción es modificar los coeficientes del momento de charnela de las superficies en las cuales se colocan. Las aletas compensadoras, a pesar de su tamaño, pueden producir importantes variaciones en el momento de charnela como consecuencia del brazo de palanca, ya que van colocados en la zona del borde de fuga, Fig. 4.12. Deflexiones positivas de la aleta $(\delta_t > 0)$ producen momentos de charnela negativos $(M_h < 0)$, alrededor del eje de charnela de la superficie móvil en la cual se encuentra.

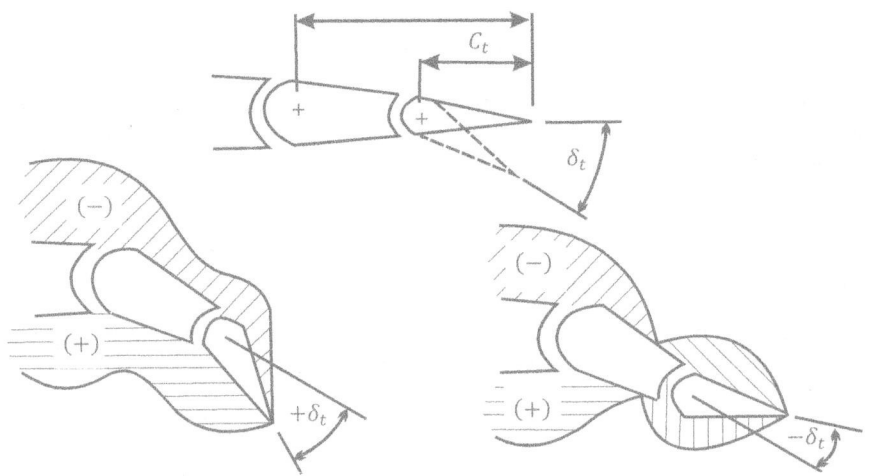

FIGURA 4.12. Aleta: nomenclatura y distribución de presiones

De manera semejante a lo realizado anteriormente, se define la derivada del momento de charnela con respecto al ángulo de deflexión de la aleta:

$$C_{h_{\delta_t}} = \left[\frac{\partial C_h}{\partial \delta_t}\right]_{\alpha=\delta=0}$$

El coeficiente del momento de charnela total, para un perfil asimétrico, es:

$$C_h = C_{h_0} + \left(C_{h_\alpha} \cdot \alpha\right) + \left(C_{h_\delta} \cdot \delta\right) + \left(C_{h_{\delta_t}} \cdot \delta_t\right) \qquad [4.2.4]$$

La utilización de las aletas permite modificar el ángulo de flotación de las superficies de control. Igualando a cero la ecuación [4.2.4] y despejando δ, se obtiene:

$$\delta_{flot} = -\left(\frac{C_{h_0}}{C_{h_\delta}}\right) - \left(\frac{C_{h_\alpha}}{C_{h_\delta}}\right) \cdot \alpha - \left(\frac{C_{h_{\delta_t}}}{C_{h_\delta}}\right) \cdot \delta_t \qquad [4.2.5]$$

y para perfiles simétricos:

$$\delta_{flot} = -\left(\frac{C_{h_\alpha}}{C_{h_\delta}}\right) \cdot \alpha - \left(\frac{C_{h_{\delta_t}}}{C_{h_\delta}}\right) \cdot \delta_t \qquad [4.2.6]$$

En ambos casos el δ_{flot} se modifica en:

$$-\left(\frac{C_{h_{\delta_t}}}{C_{h_\delta}}\right) \cdot \delta_t$$

A semejanza de los otros coeficientes del momento de charnela, la derivada del coeficiente del momento de charnela producida por la aleta con respecto a δ_t es función del perfil, de las características geométricas de la aleta y de las relaciones c_t/c, c_t/c_f o c_f/c y por supuesto de los números de Reynolds y Mach.

La determinación del $C_{h_{\delta_t}}$ tridimensional se realiza en forma similar a lo realizado para el C_{h_δ}, atento a ello se tiene:

$$C_{H_t} = \left(C_{h_{\delta_t}} \cdot \delta_t\right) + \left(C_{H_\alpha} \cdot \Delta_{\alpha_0}\right) - \left(C_{h_\alpha} \cdot \Delta_{\alpha_0}\right)$$
$$= \left(C_{h_{\delta_t}} \cdot \delta_t\right) + \left[\tau_t \cdot \delta_t \cdot \left(C_{H_\alpha} - C_{h_\alpha}\right)\right] \qquad [4.2.7]$$

Donde τ_t es la efectividad de la aleta, equivalente a la efectividad de cualquier superficie móvil, Capítulo 3.1 y por supuesto es función de la geometría y de las dimensiones relativas.

$$\tau_t = \left|\frac{\partial \alpha}{\partial \delta_t}\right|$$

Para aletas que tienen toda la envergadura de la superficie fija τ_t es función de la relación de superficie de la aleta respecto a la principal o fija (S_t/S), siendo S_t la superficie por atrás del eje de charnela del tab.

Derivando la ecuación [4.2.7] con respecto a S_t, teniendo en cuenta la ecuación [4.1.10], se obtiene:

$$C_{H_{\delta_t}} = C_{h_{\delta_t}} + \tau_t \cdot \left[C_{h_\alpha} \cdot \left(\frac{a}{a_0}\right) - C_{h_\alpha}\right] = C_{H_{\delta_t}} - \tau_t \cdot C_{h_\alpha} \cdot \left[1 - \left(\frac{a}{a_0}\right)\right] \qquad [4.2.8]$$

parámetro que representa la variación del coeficiente del momento de charnela por unidad de deflexión de la aleta y tiene el carácter de derivada parcial, lo cual implica que el resto de los parámetros permanece constante.

Cuando la aleta no abarca toda la envergadura se corrige considerando la relación del momento de las áreas, K_m, definida como

El Avión. Calidad del Equilibrio, Control y Estabilidad Dinámica.

$$K_m = \frac{A_p \cdot l_p}{A_t \cdot l_t}$$

donde, Fig. 4.13:

A_p Superficie de la aleta.

A_t Superficie de la aleta, si tuviera toda la envergadura del empenaje.

l_p Distancia del centro del área cubierta por la aleta al eje de charnela principal.

l_t Distancia del centro del área cubierta por la aleta, si tuviese envergadura completa, al eje de charnela principal.

Si se tiene en cuenta que K_m afecta solo al término de $C_{H_{\delta_t}}$; la expresión para calcular la derivada del momento de charnela respecto a δ_t, cuando la aleta compensadora no abarca toda la envergadura de la superficie de control, es:

$$C_{H_{\delta_t}} = C_{h_{\delta_t}} \cdot K_m - \tau_t \cdot C_{h_\alpha} \cdot \left[1 - \left(\frac{a}{a_0} \right) \right] \qquad [4.2.9]$$

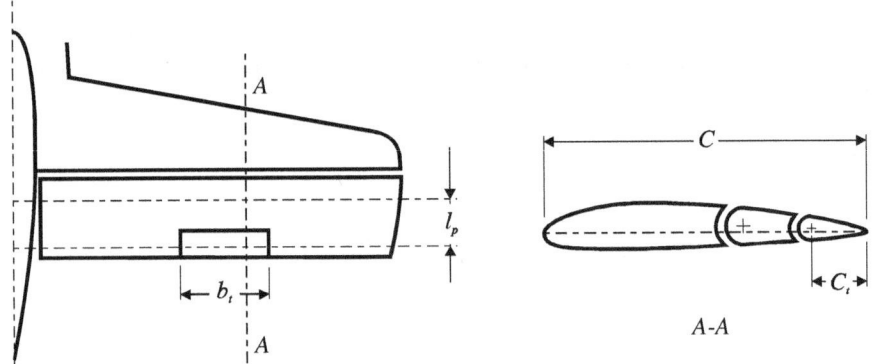

FIGURA 4.13. Características geométricas de la aleta

El coeficiente del momento de charnela para una superficie con perfil simétrico, incluyendo el aporte de la aleta, resulta:

$$C_H = \left(C_{H_\alpha} \cdot \alpha \right) + \left(C_{H_\delta} \cdot \delta \right) + \left(C_{H_{\delta_t}} \cdot \delta_t \right) \qquad [4.2.10]$$

4.2.2. Usos de las aletas

Las aletas tienen diversas aplicaciones en las superficies de control aerodinámico y existen diversos tipos, según sea la naturaleza del problema que deben solucionar. Como aleta compensadora o tab de ajuste, su función es llevar el ángulo de flotación de la superficie móvil principal al mismo valor que el δ necesario para volar a un determinado C_L. Esta es la aplicación donde mayor utilidad prestan las aletas, especialmente en aviones de mediano porte. En este caso el ángulo de deflexión de la aleta es controlado por el piloto.

La ecuación del ángulo de flotación incluyendo la contribución de la aleta es:

$$\delta_{flot} = -\left(\frac{C_{H_\alpha}}{C_{H_\delta}}\right)\cdot\alpha - \left(\frac{C_{H_{\delta_t}}}{C_{H_\delta}}\right)\cdot\delta_t \qquad\qquad [4.2.11]$$

en la cual se puede ver la influencia de δ_t en el δ_{flot}.

El segundo campo de aplicación de las aletas es modificar el valor del C_{H_δ}, aumentándolo o disminuyéndolo según sea necesario, ello se logra vinculando mecánicamente la aleta con la superficie de control principal (aleta o tab acoplado), Fig. 4.14.

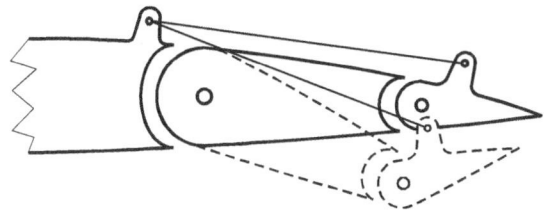

FIGURA 4.14. Aleta acoplada mecánicamente

Si se denomina r a la relación que vincula δ con $\delta_t (\delta_t = r \cdot \delta)$, la expresión de C_H resulta:

$$C_H = \left(C_{H_\alpha}\cdot\alpha\right) + \left(C_{H_\delta}\cdot\delta\right) + \left(C_{H_{\delta_t}}\cdot r\cdot\delta\right) \qquad\qquad [4.2.12]$$

y operando:

$$C_H = \left(C_{H_\alpha}\cdot\alpha\right) + \left(C_{H_\delta}\right)\cdot\left[1 + r\cdot\left(\frac{C_{H_{\delta_t}}}{C_{H_\delta}}\right)\right]\cdot\delta \qquad\qquad [4.2.13]$$

Expresión en la cual se observa que el término:

$$\left[1 + r\cdot\left(\frac{C_{H_{\delta_t}}}{C_{H_\delta}}\right)\right]$$

actúa directamente aumentando o disminuyendo el valor de C_{H_δ}, según sea el signo de r. La expresión del ángulo de flotación con este tipo de aleta es:

El Avión. Calidad del Equilibrio, Control y Estabilidad Dinámica.

$$\delta_{flot} = -\frac{C_{H_\alpha} \cdot \alpha}{C_{H_\delta} \cdot \left[1 + r \cdot \left(\frac{C_{H_{\delta_t}}}{C_{H_\delta}}\right)\right]}$$

[4.2.14]

En algunos diseños de empenajes horizontales se utiliza la aleta para mover la superficie principal móvil, es decir el piloto controla en ángulo de deflexión de la aleta, a este tipo de aleta se lo denomina servo tab, Fig. 4.15.

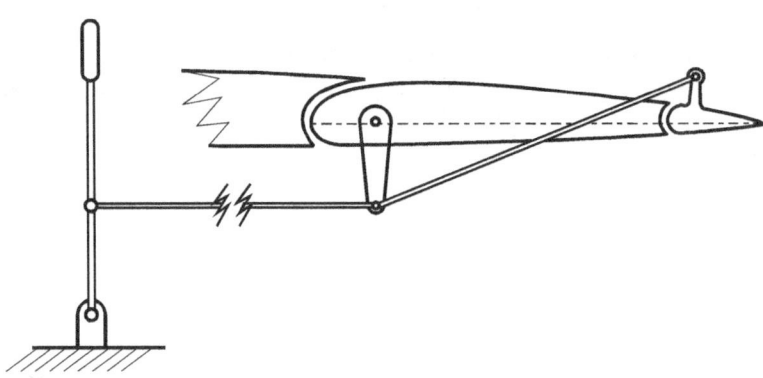

FIGURA 4.15. Servo tab

4.3. CALIDAD DE EQUILIBRIO LONGITUDINAL CON MANDO LIBRE

Considerando que el único elemento del avión que puede variar su contribución a la calidad del equilibrio cuando se deja el mando libre es el empenaje horizontal se analizará físicamente su contribución en esta situación.

En primer lugar se supondrá que para la condición de vuelo en estudio el ángulo de ataque del avión es mayor que cero $(\alpha_w > 0)$ y el ángulo efectivo del empenaje es nulo $(\alpha_t > 0)$, por lo tanto su contribución al momento de cabeceo también es nula. Si a partir de esta condición de vuelo se da una variación positiva a $\alpha_w(\Delta\alpha_w)$, se producirá un cambio en α_t. igual a $\Delta\alpha_w$ menos la disminución producida por la variación del deflexión vertical de la corriente de aire como consecuencia de la variación de α_w:

$$\Delta\alpha_t = \Delta\alpha_w \cdot (1 - \dot{\varepsilon})$$

[4.3.1]

Este cambio en el ángulo de ataque del empenaje, si tuviese el mando fijo, produciría un $\Delta C_{L_{t,M.F.}}$ proporcional al $\Delta\alpha_t$, generando un momento que tiende a disminuir $\Delta\alpha_w$, Fig. 4.16.

Si en lugar de tener el mando fijo el mismo está libre, el cambio en el α_t del timón de profundidad producirá un δ_{flot} en un sentido que dependerá del signo de los coeficientes del momento de charnela; para C_{H_α} y C_{H_δ} negativos flotará en la dirección de los δ negativos para $\Delta\alpha$ positivos.

En este último caso el incremento del coeficiente de sustentación, $\Delta C_{Lt.M.L.}$, será inferior, Fig. 4.16, con lo cual el momento de cabeceo que se genera será menor que el producido en la condición de mandos fijos, por lo tanto la contribución del empenaje horizontal con mando libre a la calidad del equilibrio será menor que con mando fijo. No variará para C_{H_α} nulo y aumentará cuando C_{H_α} y C_{H_δ} sean de signo contrario.

El ángulo de ataque efectivo del empenaje horizontal incluyendo la deflexión (δ) de la superficie de control es:

$$\alpha_{ef} = \alpha_w - i_w + i_t - \varepsilon + \tau \cdot \delta$$

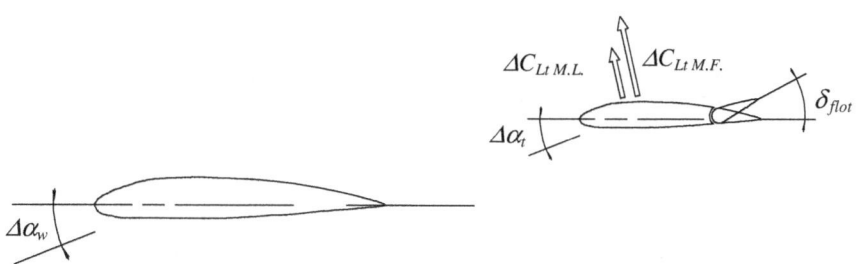

FIGURA 4.16. Contribución del empenaje horizontal

Para analizar la calidad del equilibrio con mando libre debemos introducir en esta expresión el valor de deflexión que corresponde al δ_{flot}, ecuación [4.2.1]

$$\delta = \delta_{flot} = -\left(\frac{C_{H_\alpha}}{C_{H_\delta}}\right) \cdot \alpha$$

con lo cual:

$$\alpha_{ef} = \alpha_w - i_w + i_t - \varepsilon - \tau \cdot \left(\frac{C_{H_\alpha}}{C_{H_\delta}}\right) \cdot (\alpha_w - i_w + i_t - \varepsilon) \qquad [4.3.2]$$

Cuando se analiza la ecuación del momento de cabeceo del avión, ec. [2.2.28], se ve que los siguientes términos no se ven afectados cuando se deja el mando libre:

$$C_{m_{0_w}} + C_{m_{0\,f-b}} + \frac{X_a}{C} \cdot C_L + \frac{Z_a}{C} \cdot \frac{2 \cdot C_L^2}{a_{0_w}} + C_{m_{C_L\,f-b}} \cdot C_L \qquad [4.3.3]$$

y el empenaje horizontal es el único componente del avión que altera su contribución al momento de cabeceo cuando se deja el mando libre, su contribución al momento es:

$$C_{m_t} = -a_t \cdot \bar{V}_t \cdot \eta_t \cdot \left(\alpha_w - i_w + i_t - \varepsilon + \tau \cdot \delta_{flot}\right) \qquad [4.3.4]$$

El Avión. Calidad del Equilibrio, Control y Estabilidad Dinámica.

Explicitando los términos que son función de C_L y derivando la ec [4.3.4] con respecto a C_L se obtiene la contribución del empenaje horizontal con mando libre a la calidad del equilibrio:

$$\left[\frac{\partial C_{m_t}}{\partial C_L}\right]_{M.L.} = -\frac{a_t}{a} \cdot \eta_t \cdot \bar{V}_t \cdot (1 - \dot{\varepsilon}) \cdot \left[1 - \tau \cdot \left(\frac{C_{H_\alpha}}{C_{H_\delta}}\right)\right]$$ [4.3.5]

Para determinar la variación que se produce en la calidad del equilibrio del avión, como consecuencia de dejar el mando libre, sólo se debe tener en cuenta el cambio que se produce en la contribución del empenaje horizontal, pues como se analizó es el único elemento que modifica su aporte, por lo tanto:

$$\Delta C_{m_{C_{L\,M.L.}}} = C_{m_{C_{L_t\,M.L.}}} - C_{m_{C_{L_t\,M.F.}}} = \frac{a_t}{a} \cdot \eta_t \cdot \bar{V}_t \cdot (1 - \dot{\varepsilon}) \cdot \tau \cdot \left(\frac{C_{H_\alpha}}{C_{H_\delta}}\right)$$ [4.3.6]

Si se tiene en cuenta la expresión de la potencia del control longitudinal, ecuación [3.1.8] y reemplazando términos, la ecuación [4.3.6] resulta:

$$\Delta C_{m_{C_{L\,M.L.}}} = -\left(\frac{C_{m_\delta}}{a}\right) \cdot \left(\frac{C_{H_\alpha}}{C_{H_\delta}}\right) \cdot (1 - \dot{\varepsilon})$$ [4.3.7]

Generalmente C_{m_δ}, C_{H_α}, y C_{H_δ} son negativos por lo que el signo de la variación de la derivada del C_m respecto a C_L resulta positivo lo cual indica que el avión reduce su calidad del equilibrio cuando se deja el mando libre, Fig. 4.17.

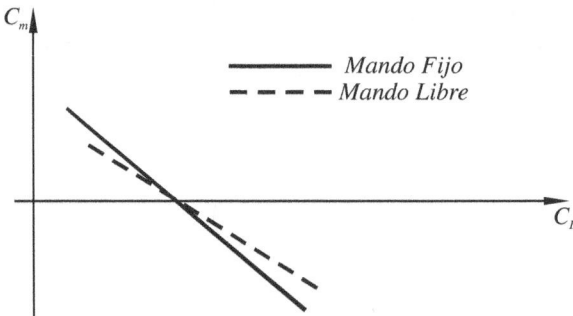

FIGURA 4.17. Calidad del equilibrio con mando libre

Teniendo en cuenta la ecuación [4.3.6], la calidad del equilibrio con mandos libres del avión se puede escribir:

$$C_{m_{C_{L\,M.L.}}} = C_{m_{C_{L\,M.F.}}} + \Delta C_{m_{C_{L\,M.L.}}}$$ [4.3.8]

4.3.1. Punto Neutro con mando libre

De manera similar a lo realizado para la condición de vuelo con mandos fijos se define, para la condición de mando libre, el punto neutro con mando libre (N_0') como el punto de referencia de momentos para el cual se anula la calidad del equilibrio.

Con mandos libres la expresión de la calidad del equilibrio, [4.3.8], considerando las expresiones [2.2.33] y [4.3.5] resulta:

$$C_{m_{C_{L M.L.}}} = \frac{X_a}{C} + C_{m_{C_{L f-b}}} - \left(\frac{a_t}{a}\right) \cdot \eta_t \cdot \bar{V}_t \cdot [1 - \dot{\varepsilon}] \cdot \left[1 - \tau \cdot \left(\frac{C_{H_\alpha}}{C_{H_\delta}}\right)\right] \qquad [4.3.9]$$

y recordando que:

$$\left(\frac{X_a}{C}\right) = \frac{X_{c.g.} - X_{c.a.}}{C}$$

la ecuación del punto neutro con mando libre resulta:

$$N_0' = \frac{X_{c.a.}}{C} - C_{m_{C_{L f-b}}} + \left(\frac{a_t}{a}\right) \cdot \eta_t \cdot \bar{V}_t \cdot (1 - \dot{\varepsilon}) \cdot \left[1 - \tau \cdot \left(\frac{C_{H_\alpha}}{C_{H_\delta}}\right)\right] \qquad [4.3.10]$$

Si se tiene en cuenta las expresiones del punto neutro con mandos fijos, ecuación [2.2.38] y la de la potencia del control longitudinal, ecuación [3.1.8], la ec [4.3.10] se puede escribir de la siguiente forma:

$$N_0' = N_0 + \left(\frac{C_{m_\delta}}{a}\right) \cdot \left(\frac{C_{H_\alpha}}{C_{H_\delta}}\right) \cdot (1 - \dot{\varepsilon}) \qquad [4.3.11]$$

la cual muestra que para los valores usuales de los coeficientes aerodinámicos que la integran $\left(C_{m_\delta}, C_{H_\alpha} \text{ y } C_{H_\delta} < 0\right)$, N_0' se ubica por delante de N_0, Fig. 4.18.

$$N_0' - N_0 = \left(\frac{C_{m_\delta}}{a}\right) \cdot \left(\frac{C_{H_\alpha}}{C_{H_\delta}}\right) \cdot (1 - \dot{\varepsilon}) = -\Delta C_{m_{C_{L M.L.}}} \qquad [4.3.12]$$

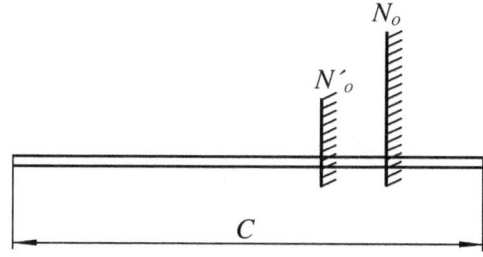

FIGURA 4.18. Punto neutro con mando libre

CAPÍTULO 5

FUERZA DE MANDO EN EL CONTROL LONGITUDINAL

5.1. FUERZA EN EL MANDO LONGITUDINAL

La fuerza que realiza el piloto para sostener una determinada condición de vuelo o bien para realizar una determinada maniobra es importante cuando se quiere definir la calidad de avión bajo el punto de vista del control.

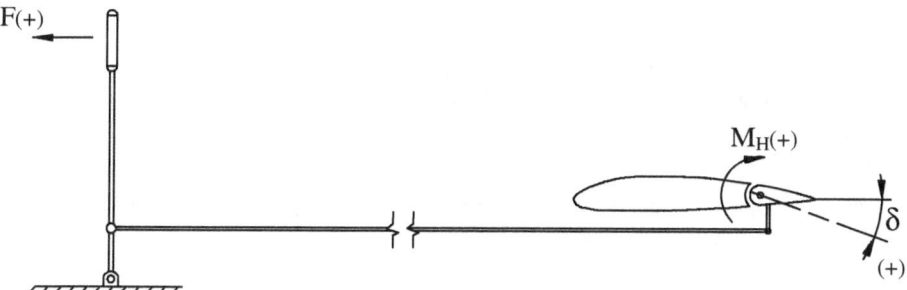

FIGURA 5.1. Esquema del control longitudinal

En la Fig. 5.1 se muestra un esquema del sistema del control longitudinal de un aeroplano y la convención de signos adoptada, fuerza positiva para empujar (a picar) y negativa para tirar (a cabrear o restablecer). Se puede ver también que a un desplazamiento Δs del bastón le corresponde una deflexión del timón de profundidad $\Delta \delta$ y por lo tanto se define una relación de transmisión:

$$G = \frac{\Delta \delta}{\Delta s} \left[\frac{rad}{m} \right] \tag{5.1.1}$$

la cual, para los valores utilizados para el desplazamiento del bastón y del elevador, varía entre 2 y 4 [rad/m].

Bajo la hipótesis de que el sistema se encuentra en equilibrio y considerando pequeños desplazamientos, el trabajo total será nulo:

El Avión. Calidad del Equilibrio, Control y Estabilidad Dinámica.

$$F \cdot \frac{\Delta s}{2} + M_H \cdot \frac{\Delta \delta}{2} = 0$$

despejando se obtiene:

$$F = -M_H \cdot \frac{\Delta \delta}{\Delta s} = -M_H \cdot G \qquad [5.1.2]$$

Esta expresión indica que la fuerza que debe realizar el piloto para sostener cualquier condición de vuelo es sólo función del momento de charnela en el elevador, puesto que la relación de transmisión se supone constante. El momento de charnela es función de los siguientes parámetros de vuelo: presión dinámica (altura y velocidad), ángulo de ataque del empenaje horizontal y de la deflexión del timón. Considerando perfil simétrico y reemplazando:

$$F = -G \cdot q \cdot \eta_t \cdot S_e \cdot C_e \left[\left(C_{H_\alpha} \cdot \alpha_t \right) + \left(C_{H_\delta} \cdot \delta \right) \right] \qquad [5.1.3]$$

donde $q_t = q \cdot \eta_t$.

La fuerza que ejerce el piloto en el bastón para mantener un vuelo recto horizontal estacionario se debe evaluar teniendo en cuenta que la deflexión del elevador (δ) y el coeficiente de sustentación (C_L) deben ser los necesarios para sostener esa condición de vuelo ($C_m = 0$ y $L = W$).

El ángulo de deflexión del elevador en función del C_L, para la condición de equilibrio ($C_m = 0$), viene dado por la ecuación [3.1.15]:

$$\delta_e = \delta_{e_0} + \frac{\partial (\delta)}{\partial (C_L)} \cdot C_L = -\frac{C_{m_0}}{C_{m_\delta}} - \frac{C_{m_{C_{L}, M.F.}}}{C_{m_\delta}} \cdot C_L \qquad [5.1.4]$$

y el ángulo de ataque de la cola en función del C_L:

$$\alpha_t = (\alpha - i_w + i_t - \varepsilon) = \left(\frac{C_L}{a} + \alpha_0 - i_w + i_t - \frac{\dot{\varepsilon}}{a} \cdot C_L \right)$$

operando esta última expresión se obtiene:

$$\alpha_t = \frac{C_L}{a} \cdot (1 - \dot{\varepsilon}) + (\alpha_0 - i_w + i_t) \qquad [5.1.5]$$

La contribución al coeficiente del momento de charnela producida por el ángulo de ataque será:

$$C_{H_\alpha} \cdot \alpha_t = C_{H_\alpha} \cdot \left[\frac{C_L}{a} \cdot (1 - \dot{\varepsilon}) \right] + C_{H_\alpha} \cdot (\alpha_0 - i_w + i_t) \qquad [5.1.6]$$

y a la deflexión del elevador:

$$C_{H_\delta} \cdot \delta = C_{H_\delta} \cdot \delta_{e_0} - \left(\frac{C_{H_\delta}}{C_{m_\delta}}\right) \cdot C_{m_{C_{L_{M.F.}}}} \cdot C_L \qquad [5.1.7]$$

Sumando las ecuaciones [5.1.6] y [5.1.7] tendremos el coeficiente del momento de charnela y despejando C_L se obtiene:

$$C_H = \left[C_{H_\alpha} \cdot (\alpha_0 - i_w + i_t) + C_{H_\delta} \cdot \delta_{e_0}\right]$$
$$+ \left[C_{H_\alpha} \cdot \frac{(1 - \dot{\varepsilon})}{a} - \left(\frac{C_{H_\delta}}{C_{m_\delta}}\right) \cdot C_{m_{C_{L_{M.F.}}}}\right] \cdot C_L \qquad [5.1.8]$$

Operando matemáticamente con el término:

$$C_{H_\alpha} \cdot \frac{(1 - \dot{\varepsilon})}{a} - \left(\frac{C_{H_\delta}}{C_{m_\delta}}\right) \cdot C_{m_{C_{L_{M.F.}}}} = \left(\frac{1}{C_{m_\delta}}\right) \cdot \left[C_{H_\delta} \cdot C_{m_\delta} \cdot \frac{(1 - \dot{\varepsilon})}{a} - C_{H_\delta} \cdot C_{m_{C_{L_{M.F.}}}}\right]$$
$$= \left(\frac{C_{H_\delta}}{C_{m_\delta}}\right) \cdot \left[C_{m_\delta} \cdot \left(\frac{C_{H_\alpha}}{C_{H_\delta}}\right) \cdot \frac{(1 - \dot{\varepsilon})}{a} - C_{m_{C_{L_{M.F.}}}}\right]$$

teniendo en cuenta la ecuación [4.3.7] e introduciendo la calidad del equilibrio longitudinal con mando libre, resulta:

$$\left(\frac{C_{H_\delta}}{C_{m_\delta}}\right) \cdot \left[C_{m_\delta} \cdot \left(\frac{C_{H_\alpha}}{C_{H_\delta}}\right) \cdot \frac{(1 - \dot{\varepsilon})}{a} - C_{m_{C_{L_{M.F.}}}}\right] = -C_{m_{C_{L_{M.L.}}}} \cdot \left(\frac{C_{H_\delta}}{C_{m_\delta}}\right) \qquad [5.1.9]$$

Agrupando los términos de la ecuación [5.1.8] que no son función de C_L y considerando un perfil asimétrico, se tiene un:

$$C_{H_0} = C_{H_\alpha} \cdot (\alpha_0 - i_w + i_t) + C_{H_\delta} \cdot \delta_{e_0} + C_{H_{0,\alpha=\delta=0}} \qquad [5.1.10]$$

con lo cual se puede expresar la fuerza en el mando longitudinal necesaria para sostener un vuelo en equilibrio, de la siguiente forma:

$$F = -G \cdot q \cdot \eta_t \cdot S_e \cdot C_e \cdot \left[C_{H_0} - \left(\frac{C_{H_\delta}}{C_{m_\delta}}\right) \cdot C_{m_{C_{L_{M.L.}}}} \cdot C_L\right] \qquad [5.1.11]$$

Si se designa con:

$$K = -G \cdot \eta_t \cdot S_e \cdot C_e$$

y se introduce la contribución de la aleta compensadora al momento de charnela, la ecuación [5.1.11] resulta:

El Avión. Calidad del Equilibrio, Control y Estabilidad Dinámica.

$$F = K \cdot q \cdot \left[C_{H_0} + \left(C_{H_{\delta_t}} \cdot \delta_t \right) - \left(\frac{C_{H_\delta}}{C_{m_\delta}} \right) \cdot C_{m_{C_{L,M.L.}}} \cdot C_L \right]$$ [5.1.12]

Para determinar la fuerza necesaria que realiza el piloto para mantener un vuelo equilibrado recto y horizontal, se utiliza la expresión del C_L que surge de la condición de igualar el peso con la sustentación:

$$C_L = \frac{2 \cdot (W/S)}{\rho \cdot V^2} = \frac{(W/S)}{q}$$ [5.1.13]

y se la introduce en la ecuación [5.1.12]; sacando factor común $1/q$ resulta:

$$F = K \cdot \left[\left(C_{H_0} + C_{H_{\delta_t}} \cdot \delta_t \right) \cdot q - \left(\frac{C_{H_\delta}}{C_{m_\delta}} \right) \cdot C_{m_{C_{L,M.L.}}} \cdot (W/S) \right]$$ [5.1.14]

En esta ecuación hay términos que dependen de la velocidad, a través de la presión dinámica, operando:

$$F = -K \cdot (W/S) \cdot \left(\frac{C_{H_\delta}}{C_{m_\delta}} \right) \cdot C_{m_{C_{L,M.L.}}} + \left[C_{H_0} + \left(C_{H_{\delta_t}} \cdot \delta_t \right) \right] \cdot K \cdot q$$ [5.1.15]

y explicitando la presión dinámica (q):

$$F = -K \cdot (W/S) \cdot \left(\frac{C_{H_\delta}}{C_{m_\delta}} \right) \cdot + K \cdot \left(C_{H_0} + C_{H_{\delta_t}} \cdot \delta_t \right) \cdot \frac{\rho}{2} \cdot V^2$$ [5.1.16]

La fuerza en el mando longitudinal, necesaria para sostener un vuelo recto horizontal estacionario, es función de la velocidad al cuadrado y su término independiente varía con la posición del centro de masas a través de la calidad del equilibrio con mando libre. También es función de: la altura de vuelo (ρ), los coeficientes del momento de charnela, la relación de transmisión, la superficie y cuerda del elevador, el rendimiento de cola, la carga alar y de la configuración de vuelo a través del punto neutro con mando libre y del ángulo de ataque para sustentación nula del avión. En la Fig. 5.2 se ha graficado F, utilizando como parámetro el δ_t, para una determinada configuración y condición de vuelo.

Con el objeto de garantizar que cualquier avión pueda ser seguro y piloteado con mediana habilidad en todas las condiciones de vuelo para las cuales será habilitado se han establecido regulaciones y normas que deben ser cumplidas por todo vehículo aéreo. En nuestro país las normas para aviones civiles son las DNAR, Ref. 10, similares a las FAR 23 y 25, Ref. 11, y para aviones militares se usa generalmente las MIL-8785-C, Ref. 12.

El cumplimiento de las normas hace posible homologar un avión, pero lo que logra fundamentalmente es garantizar, durante la utilización del vehículo, un nivel de seguridad acorde con el estado del arte y si a ello le añadimos eficiencia económica el ingeniero habrá logrado su meta, un producto: técnicamente satisfactorio, operacionalmente seguro y económicamente rentable.

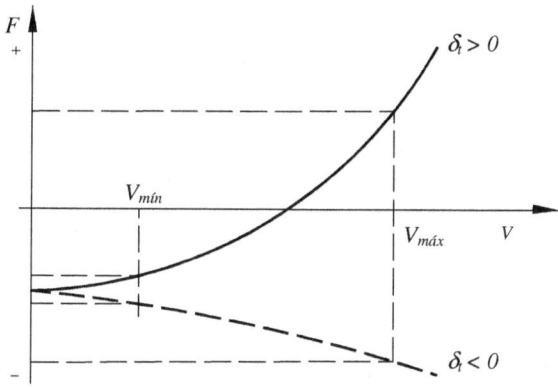

FIGURA 5.2. Fuerza en función de la velocidad

Las normas, Ref. 10, definen la magnitud de los máximos valores de fuerza que un piloto medio puede realizar, esos valores dependerán si la maniobra es permanente o transitoria y si la ejerce por medio de bastón o volante, un ejemplo se muestra en la Tabla 5.1.

Norma DNAR	Bastón		Volante	
	Transitorio	Permanente	Transitorio	Permanente
23.143	60 Lb	10 Lb	75 Lb	10 Lb
25.145	---------	---------	75 Lb	10 Lb

TABLA 5.1. Fuerza máxima en el mando longitudinal

Se denomina vuelo ajustado (trimado) al que se realiza con fuerza nula en el mando ($F = 0$), en esta situación el ángulo de flotación de la superficie móvil es igual al ángulo del elevador necesario para esa condición de vuelo. Imponiendo $F = 0$, se despeja δ_t de la ecuación [5.1.16]:

$$\delta_{t_{ajuste}} = \left(\frac{2}{\rho} \cdot \frac{W}{S} \cdot \frac{C_{H_\delta}}{C_{m_\delta}} \cdot C_{m_{C_{L,M.L.}}} \cdot \frac{1}{V^2_{ajuste}} - C_{H_0} \right) \cdot \frac{1}{C_{H_{\delta_t}}} \qquad [5.1.17]$$

Cuando el piloto le da este valor a la deflexión de la aleta compensadora se logra la condición de vuelo ajustado o trimado. La velocidad de ajuste para un dado δ_t despejando de la ecuación [5.1.17] es:

$$V^2_{ajuste} = \frac{\left(\frac{2}{\rho} \cdot \frac{W}{S} \cdot \frac{C_{H_\delta}}{C_{m_\delta}} \cdot C_{m_{C_{L,M.L.}}} \right)}{C_{H_0} + \left(C_{H_{\delta_t}} \cdot \delta_{t_{ajuste}} \right)} \qquad [5.1.18]$$

Si se introduce la ecuación [5.1.17] en la ecuación [5.1.16] se obtiene una expresión que nos permite calcular la fuerza necesaria para producir un cambio en la velocidad, a partir de una condición de vuelo recto horizontal estacionario y ajustado ($F = 0$):

$$F = K \cdot (W/S) \cdot \left(\frac{C_{H_\delta}}{C_{m_\delta}}\right) \cdot C_{m_{C_{L.M.L.}}} \cdot \left[\left(\frac{V}{V_{ajuste}}\right)^2 - 1\right] \qquad [5.1.19]$$

Las normas exigen que se evalúe, entre otras, la fuerza necesaria en el mando longitudinal durante los cambios de configuración, por ejemplo sacar flaps, a partir de un vuelo ajustado y con cambio en la velocidad. En esta circunstancia se deberá utilizar la ecuación [5.1.16] y tener en cuenta la variación que se produce en algunos parámetros aerodinámicos. Para el cambio de configuración la Norma DNAR en su punto 25.145 establece un valor máximo de fuerza de 50 Lb, Ref. 10.

Es conveniente destacar que las normas, por seguridad, regulan los valores máximos de fuerza, pero el diseñador puede adoptar valores inferiores para lograr aeroplanos más cómodos de pilotear.

5.2. GRADIENTE DE ESFUERZO

La sensibilidad del mando longitudinal para efectuar cambios en la velocidad de vuelo se puede evaluar mediante la derivada de la fuerza con respecto a la velocidad; este parámetro se denomina gradiente de esfuerzo por velocidad y es sumamente importante cuando se trata de calificar la calidad del mando longitudinal.

Un gradiente grande implica que el piloto necesitará realizar un esfuerzo pronunciado para producir pequeños cambios en la velocidad y por el contrario si este gradiente fuese reducido tendrá inconvenientes para alcanzar una determinada velocidad de vuelo puesto que aún para valores reducidos de fuerza se producirán grandes cambios en la velocidad.

A partir de una condición de vuelo ajustada, $V = V_{ajuste}$, el gradiente se obtiene derivando la ecuación [5.1.19]:

$$\frac{\partial F}{\partial V} = 2 \cdot K \cdot (W/S) \cdot \left(\frac{C_{H_\delta}}{C_{m_\delta}}\right) \cdot C_{m_{C_{L.M.L.}}} \cdot \frac{V}{\left(V_{ajuste}\right)^2} \qquad [5.2.1]$$

y para la velocidad de ajuste:

$$\left[\frac{\partial F}{\partial V}\right]_{V=V_{ajuste}} = 2 \cdot K \cdot (W/S) \cdot \left(\frac{C_{H_\delta}}{C_{m_\delta}}\right) \cdot C_{m_{C_{L.M.L.}}} \cdot \left(\frac{1}{V_{ajuste}}\right) \qquad [5.2.2]$$

Las normas controlan indirectamente la magnitud del gradiente de esfuerzo por velocidad máximo a través de las fuerzas máximas permitidas pero establecen para la sensibilidad un valor límite inferior (DNAR 23 ó 25/171, 173, 175.), Ref. 10:

$$\frac{\partial F}{\partial V} > 1 \, Lb/6 \, Kts.$$

El manejo natural de un avión señala que para aumentar la velocidad de vuelo se debe empujar la palanca de mando o sea hacer una fuerza positiva $(F > 0)$, para lo cual se requiere un gradiente de esfuerzo por velocidad positivo, Fig. 5.3. La calidad del equilibrio con mando libre juega un rol muy importante en las características y cualidades del control longitudinal pues la tendencia a flotar del timón está íntimamente asociada con ellas y se pone de manifiesto explícitamente en las expresiones de la fuerza y del gradiente.

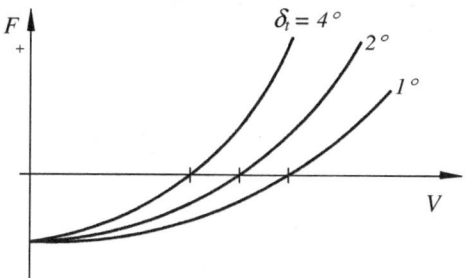

FIGURA 5.3. Gradiente de esfuerzo por velocidad

5.3. CONTROL DE FUERZAS Y GRADIENTES

Las normas exigen valores límites en la magnitud de las fuerzas y gradientes del control longitudinal. Algunas veces no se logra que el avión, en las primeras etapas del diseño, satisfaga las normas o que tenga una adecuada controlabilidad, ya sea por valores máximos o mínimos, según sean las dimensiones del avión o velocidades de vuelo y resultará necesario adaptar sus valores a los requeridos por norma o a especificaciones de diseño, Fig.5.4.

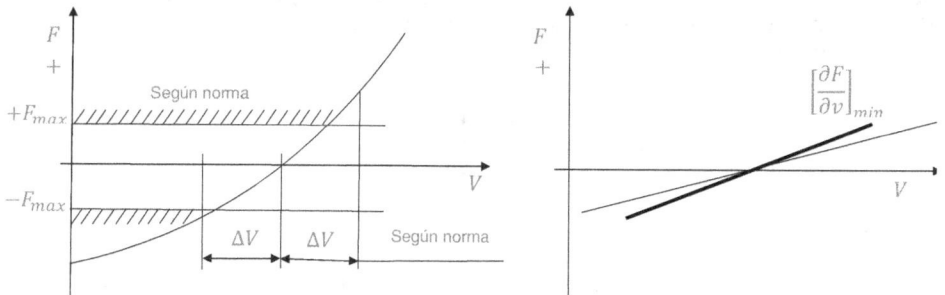

FIGURA 5.4. Fuerzas y gradientes. Requerimientos

La fuerza en el mando longitudinal necesaria para sostener un vuelo recto horizontal estacionario es función de la velocidad al cuadrado y se la puede expresar de la siguiente manera:

$$F = A + B \cdot V^2 \tag{5.3.1}$$

donde:

$$A = -K \cdot (W/S) \cdot \left(\frac{C_{H_\delta}}{C_{m_\delta}} \right) \cdot C_{m_{C_{L_{M.L.}}}} \tag{5.3.2}$$

y

$$B = \left(C_{H_0} + C_{H_{\delta_t}} \cdot \delta_t \right) \cdot \left(\frac{K \cdot \rho}{2} \right) \tag{5.3.3}$$

El Avión. Calidad del Equilibrio, Control y Estabilidad Dinámica.

Para modificar el valor de la fuerza en el mando a una determinada velocidad se nos presentan dos opciones, modificar el término independiente de la ecuación [5.3.1], Fig. 5.5 (a), ó el coeficiente de V^2, esto último se logra a través del ángulo de deflexión de la aleta compensadora (δ_t), Fig. 5.5 (b).

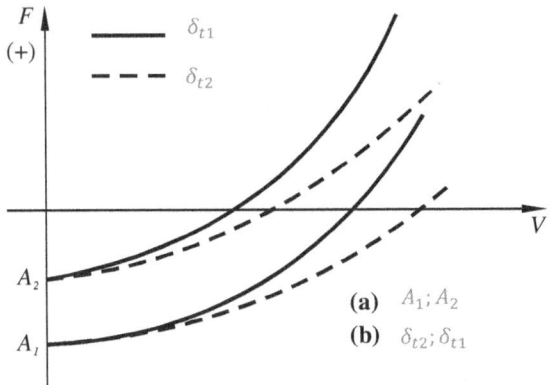

FIGURA 5.5. Control de la fuerza en el mando longitudinal

Una alternativa para variar A, además de la modificación de los parámetros que intervienen en su obtención, es introducir en el cinematismo del control longitudinal una carga constante, Fig. 5.6, lo cual se puede materializar mediante una fuerza ejercida a través de un resorte tensionado/comprimido.

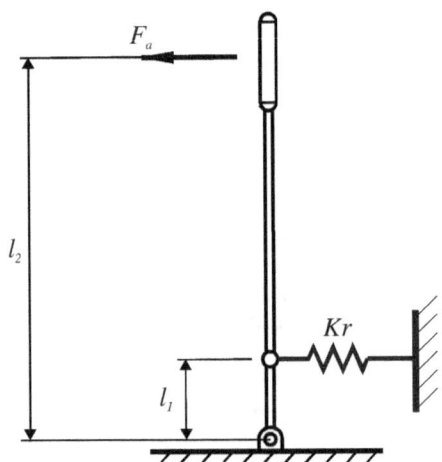

FIGURA 5.6. Sistemas de precarga para variar A

La precarga Fr, Fig. 5.6, introduce en la expresión de la fuerza un valor prácticamente constante, cuyo valor será:

$$F_a = \frac{Kr \cdot l_1}{l_2}$$

Por lo tanto la fuerza que debe realizar el piloto, teniendo en cuenta la ecuación [5.3.1], es:

$$F = A + F_a + B \cdot V^2 \qquad\qquad [5.3.4]$$

También para cambiar la magnitud de A se puede modificar el valor del C_{H_δ} mediante el uso de diferentes tipos de dispositivos, entre los cuales se puede mencionar:

        Aleta acoplada mecánicamente
        Cordones
        Placas

Los cordones se colocan en el borde de fuga de la superficie móvil, Fig. 5.7 (a), también se pueden utilizar pequeñas placas o perfiles L o T, Fig. 5.7 (b). Estas aplicaciones si bien modifican levemente la distribución de presiones, al estar ubicadas relativamente lejos del eje de charnela producen importantes modificaciones en los valores de los coeficientes del momento de charnela.

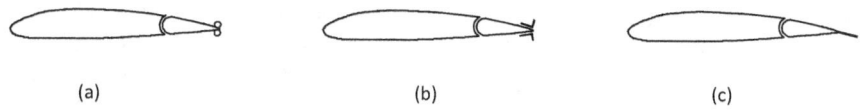

     (a)   (b)   (c)

FIGURA 5.7. Cordones, Placas y Flettner.

Otra alternativa es utilizar pequeñas aletas fijas conocidas como Flettner, en el borde de fuga de la superficie de control y con una dada deflexión respecto a la línea de la cuerda, Fig. 5.7 (c), si el ángulo de esta deflexión es positivo disminuye el valor de los coeficientes, debido a que producen una zona de depresión y si fuera negativo los aumenta, pues producen una sobrepresión local. La longitud de los cordones, placas o del Flettner, a lo largo de la envergadura de la superficie de control depende de la magnitud de los efectos deseados. En última instancia ensayos en vuelo permitirán determinar la longitud más adecuada.

Otra forma de variar el C_{H_δ} es prolongar parcialmente la superficie delantera de la parte móvil, a este tipo de diseño se lo denomina cuernos. Estos pueden ser cubiertos, Fig. 5.8-a, o bien descubiertos, Fig. 5.8-b, el efecto de los cuernos se manifiesta como un corrimiento aparente hacia atrás del eje de charnela, lo que produce una disminución de los valores absolutos de C_{H_α} y C_{H_δ}.

Con la utilización de los compensadores se modifica también el valor del gradiente de esfuerzo por velocidad, para $V = V_{ajuste}$.

Para cambiar la magnitud de B se dispone de las aletas o tabs de ajuste, Fig. 4.12; otra forma de realizarlo es utilizar las aletas tipo Flettner, cuyo efecto es producir un coeficiente del momento de charnela constante y su signo dependerá del ángulo que tome la aleta respecto al timón de profundidad, se puede decir que el Flettner modifica el C_{h_0} del perfil.

El Avión. Calidad del Equilibrio, Control y Estabilidad Dinámica.

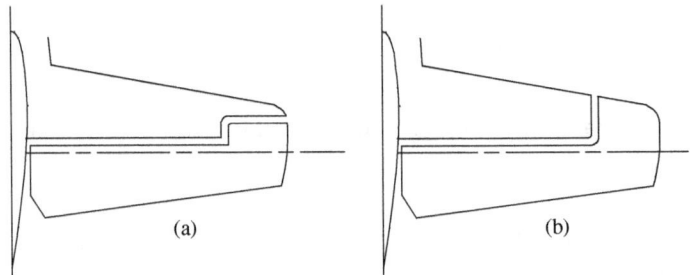

FIGURA 5.8. Cuernos cubiertos (a) y descubiertos (b)

La disposición y forma, como así también la cinemática, de las aletas auxiliares usadas en los vehículos aéreos adoptan diversas soluciones tecnológicas, las cuales dependen esencialmente de la utilidad que se pretende de ellas y de las características de control que se demanden del avión.

5.3.1. Aleta con resorte

Cuando el rango de variación de la velocidad de vuelo es muy amplio, puede suceder que el control en algún extremo del dominio de vuelo no satisfaga los requisitos de norma. Para solucionar este inconveniente se utiliza a menudo las denominadas Aletas con resorte, las cuales incluyen en su cinematismo resortes, que pueden estar ubicados en el eje de charnela de la aleta, por ejemplo un resorte de torsión, Fig. 5.9, o bien en el mecanismo que acciona la aleta.

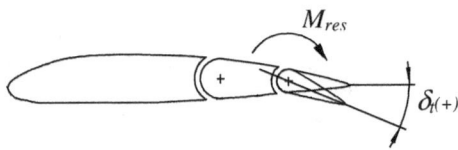

FIGURA 5.9. Aleta con resorte de torsión

En el sistema de la Fig. 5.9, el resorte de torsión tiene una precarga que mantiene a la aleta en su deflexión máxima (mínima) y mientras el momento de charnela aerodinámico de la aleta no logre contrarrestar el momento torsor del resorte colocado en el eje de la charnela, esta mantendrá su ángulo. A medida que aumenta la velocidad, o mejor dicho la presión dinámica, crece el momento aerodinámico de la aleta hasta llegar a un valor que superará al momento del resorte y comenzará a disminuir (aumentar) la deflexión de la misma, disminuyendo (aumentando) el valor de C_{H_δ} y por lo tanto variará la fuerza en el mando longitudinal.

La ecuación que nos da el momento alrededor del eje de charnela de la aleta es:

$$M_{H_t} = M_{res} + C_{H_{t_{\delta_t}}} \cdot q \cdot S_t \cdot C_t \cdot \delta_t$$

Donde M_{res} representa el momento del resorte, despejando:

$$\delta_t = -\frac{M_{res}}{C_{H_{t_{\delta_t}}} \cdot q \cdot S_t \cdot C_t}$$

[5.3.5]

Se puede ver que el ángulo de deflexión de la aleta será función de la presión dinámica y su signo dependerá del signo del M_{res}. A partir de la velocidad para la cual se igualan los momentos comenzará a variar la deflexión.

Si se coloca un resorte en la cadena cinemática que vincula mecánicamente la superficie fija con la aleta, Fig. 4.14, su efecto se hará sentir en la relación r y por consiguiente en el valor de C_{H_δ}, ecuación [4.2.13].

Los dispositivos que permiten disminuir o aumentar el C_{H_δ} modifican también la magnitud del gradiente de esfuerzo por velocidad, el cual deberá ser permanentemente evaluado. Existen innumerables dispositivos para controlar la fuerza y el gradiente en los mandos, implementados a lo largo del tiempo, por lo que se recomienda consultar la bibliografía para ver otras alternativas distintas a las aquí presentadas.

5.4. FRICCIÓN

En los sistemas de control longitudinal mecánicos se debe tener presente la existencia del fenómeno de fricción, el cual introduce una resistencia en la cadena de control. Estas fuerzas de fricción, f, producen un enmascaramiento de la calidad del equilibrio en velocidad pues evitan que el mando vuelva a su posición inicial, luego de ser sacado de ella, Fig. 5.10.

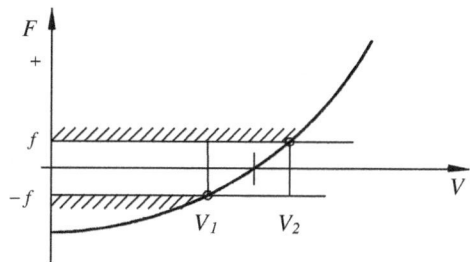

FIGURA 5.10. Efecto de la fricción en el mando longitudinal

Cuanto mayor sea el gradiente menor será el efecto de la fuerza de fricción y por el contrario el rango de indeterminación de la velocidad de ajuste aumenta cuando disminuye el gradiente.

CAPÍTULO 6

VUELO EN MANIOBRA

6.1. ANGULO DEL TIMÓN DE PROFUNDIDAD POR FACTOR DE CARGA

Se denomina vuelo en maniobra cuando el avión realiza una trayectoria curvilínea y se estudiaran dos casos típicos, cuando esta maniobra se realiza en el plano vertical (restablecida) y la otra en un plano horizontal (giro nivelado). Un ejemplo de la primera es la restablecida luego de una picada y de la segunda cuando un avión hace espera en un aeropuerto de alternativa.

Para ambas maniobras se supondrá que el vuelo es equilibrado y estacionario, es decir que la velocidad de avance se mantiene constante.

6.1.1. Reestablecida estacionaria

En una restablecida, Fig. 6.1; el avión describe una trayectoria circular en el plano vertical con una velocidad V, constante. De acuerdo con las leyes de la cinemática, la velocidad de rotación es:

$$Q = \frac{d\theta}{dt} = \frac{V}{R}$$

[6.1.1]

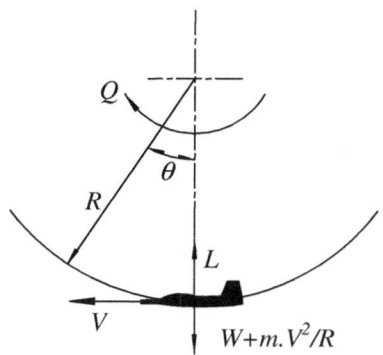

FIGURA 6.1. Maniobra de restablecida

y la aceleración normal:

El Avión. Calidad del Equilibrio, Control y Estabilidad Dinámica.

$$a_n = \frac{V^2}{R}$$

[6.1.2]

En el punto de la trayectoria de tangencia horizontal, se tiene:

$$L = W + m \cdot \frac{V^2}{R}$$

[6.1.3]

Denominando factor de carga n a la relación sustentación/peso (L/W) y operando se obtiene:

$$W \cdot (n - 1) = m \cdot \frac{V^2}{R} = m \cdot g \cdot (n - 1)$$

[6.1.4]

Teniendo en cuenta la expresión de la velocidad de cabeceo ecuación [6.1.1] y reemplazando en la [6.1.4] resulta:

$$Q = \frac{g}{V} \cdot (n - 1)$$

[6.1.5]

La sustentación necesaria para efectuar una restablecida con un factor de carga n es:

$$L = n \cdot W$$

[6.1.6]

y la que tendría para vuelo recto horizontal a la misma velocidad con la que se efectúa la maniobra:

$$L_{n=1} = W$$

[6.1.7]

lo cual significa, en términos del coeficiente de sustentación, que:

$$C_L = n \cdot C_{L_{n=1}}$$

[6.1.8]

o bien:

$$C_L = \frac{2 \cdot (W/S)}{\rho \cdot V^2} \cdot n$$

[6.1.9]

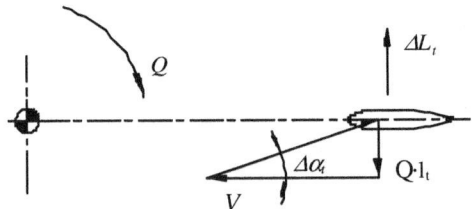

FIGURA 6.2. Variación del ángulo de ataque en el empenaje horizontal

La velocidad angular de cabeceo (Q) produce, durante la maniobra, una variación del campo de movimiento en el empenaje horizontal, respecto al que tenía en el vuelo recto horizontal estacionario. El ángulo de ataque efectivo del empenaje, como consecuencia de la componente tangencial de Q a la altura del centro aerodinámico del empenaje, Fig. 6.2, se modifica en:

$$\Delta\alpha_t = \frac{Q \cdot l_t}{V} \qquad\qquad [6.1.10]$$

La variación del ángulo de ataque del empenaje horizontal produce un ΔL_t y un momento de cabeceo que se opondrá al movimiento, es decir que como consecuencia de la maniobra de restablecida se genera un momento amortiguante de cabeceo que se opone al movimiento que lo generó.

El coeficiente del momento de cabeceo, incluyendo el efecto amortiguante de la cola en maniobras con factor de carga, se puede escribir:

$$C_m = C_{m_0} + C_{m_{C_{L_{M.F.}}}} \cdot C_L + C_{m_\delta} \cdot \delta - a_t \cdot \Delta\alpha_t \cdot V_t \cdot \eta_t \qquad\qquad [6.1.11]$$

ecuación de la cual se puede despejar el ángulo de deflexión del elevador necesario para sostener un vuelo equilibrado ($C_m = 0$), al C_L de maniobra:

$$\delta_e = -\frac{C_{m_0}}{C_{m_\delta}} - \frac{C_{m_{C_{L_{M.F.}}}}}{C_{m_\delta}} \cdot C_L + \frac{a_t \cdot V_t \cdot \eta_t}{-a_t \cdot V_t \cdot \eta_t \cdot \tau} \cdot \frac{Q \cdot l_t}{V} \qquad\qquad [6.1.12]$$

Teniendo en cuenta las ecuaciones [6.1.5] y [6.1.8] y reemplazando en la [6.1.12] se obtiene la deflexión necesaria del timón de profundidad para realizar una restablecida estacionaria con un factor de carga n:

$$\delta_e = \delta_{e_0} - \frac{C_{m_{C_{L_{M.F.}}}}}{C_{m_\delta}} \cdot n \cdot C_{L_{n=1}} - \frac{g \cdot (n-1)}{\tau \cdot V^2} \cdot l_t \qquad\qquad [6.1.13]$$

En todos los casos de vuelo en maniobra y para configuraciones convencionales (ala-fuselaje-empenaje), resulta conveniente incrementar en un 10 % la contribución que surge del empenaje horizontal como consecuencia del vuelo en maniobra, ello permitiría compensar el momento amortiguante de cabeceo que producirían el ala y el fuselaje.

Derivando la ecuación [6.1.13] con respecto al factor de carga, se obtiene:

$$\frac{\partial\delta}{\partial n} = -\frac{C_{m_{C_{L_{M.F.}}}}}{C_{m_\delta}} \cdot C_{L_{n=1}} - \frac{g \cdot l_t}{\tau \cdot V^2} \qquad\qquad [6.1.14]$$

Este parámetro, conocido como gradiente de deflexión por g o factor de carga, no es mencionado explícitamente en las normas. No obstante comenzó a adquirir importancia a medida que se fueron construyendo aviones con mayores velocidades y estructuras menos rígidas. Ello se debe a que puede alcanzar valores pequeños, especialmente en régimen transónico, lo cual podría comprometer la seguridad del avión si la rigidez del empenaje horizontal no es la adecuada. En ésta condición, pequeñas deformaciones de las superficies o del sistema de control producirían elevados factores de carga (Δn).

$$\Delta n = \frac{\Delta\delta}{\left(\frac{\partial\delta}{\partial n}\right)}$$

El Avión. Calidad del Equilibrio, Control y Estabilidad Dinámica.

Se denomina punto neutro de maniobra con mando fijo (N_{0_m}) a la posición del centro de masas que anula el gradiente de deflexión por factor de carga. Para esa condición y teniendo en cuenta la expresión del margen estático con mandos fijos, ecuación [2.2.40] e igualando a cero la [6.1.14], se tiene:

$$\frac{\partial \delta}{\partial n} = \frac{N_0 - N_{0_m}}{C_{m_\delta}} \cdot C_{L_{n=1}} - \frac{g \cdot l_t}{\tau \cdot V^2} = 0 \qquad [6.1.15]$$

de la cual, despejando y operando resulta:

$$N_{0_m} = N_0 - \frac{\rho \cdot g \cdot l_t \cdot C_{m_\delta}}{2 \cdot (W/s) \cdot \tau} \qquad [6.1.16]$$

La ecuación [6.1.16] muestra que el punto neutro de maniobra con mando fijo se encuentra por detrás del punto neutro con mando fijo (N_0), ello es consecuencia del incremento aparente de la calidad del equilibrio que produce el momento amortiguante del empenaje horizontal debido a la velocidad de cabeceo.

6.1.2. Giro nivelado estacionario

Durante un giro nivelado $(\gamma = 0)$ y estacionario, con una velocidad angular:

$$\Omega = \frac{V}{R}$$

y una componente en la dirección del eje $y - y$, Fig. 6.3:

$$Q = \Omega \cdot sin\phi \qquad [6.1.17]$$

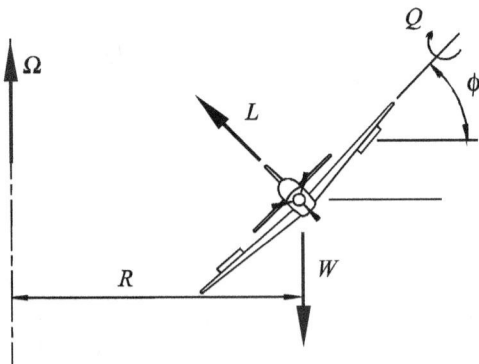

FIGURA 6.3. Giro nivelado

Se tiene en la dirección del radio de giro que:

$$L \cdot sin\phi = \frac{W}{g} \cdot \frac{V^2}{R}$$

y en la dirección perpendicular al plano de rotación:

$$L \cdot cos\phi = W \qquad\qquad [6.1.18]$$

Dividiendo ambas expresiones y reagrupando:

$$\frac{V}{R} = \frac{g}{V} \cdot tan\phi \qquad\qquad [6.1.19]$$

La velocidad angular de cabeceo en la maniobra de giro a nivel, ecuación [6.1.17], reemplazando términos, será:

$$Q = \Omega \cdot sin\phi = \frac{V}{R} \cdot sin\phi = \frac{g}{V} \cdot sin\phi \cdot tan\phi$$

y $\qquad\qquad [6.1.20]$

$$Q = \frac{g}{V} \cdot \frac{sin^2\phi}{cos\phi} = \frac{g}{V} \cdot \left[\frac{1 - cos^2\phi}{cos\phi} \right]$$

Recordando la definición del factor de carga y operando con la ecuación [6.1.18] se obtiene:

$$n = \frac{L}{W} = \frac{1}{cos\phi} \qquad\qquad [6.1.21]$$

e introduciendo esta expresión en la ecuación [6.1.20], resulta:

$$Q = \frac{g}{V} \cdot \left[\frac{1}{cos\phi} - cos\phi \right] = \frac{g}{V} \cdot \left(n - \frac{1}{n} \right) \qquad\qquad [6.1.22]$$

Para determinar el ángulo de deflexión del elevador necesario para sostener un giro estacionario con un factor de carga n, al cual le corresponde un C_{L_g}, se utiliza la ecuación [6.1.12]:

$$\delta_e = \delta_{e_0} - \left[\frac{C_{m_{C_{L_{M.F.}}}}}{C_{m_\delta}} \right] \cdot C_{L_g} - \frac{Q \cdot l_t}{\tau \cdot V} \qquad\qquad [6.1.23]$$

Durante el giro se cumple que:

$$C_{L_g} \cdot cos\phi = C_{L_{n=1}} \qquad\qquad [6.1.24]$$

Despejando y reemplazando:

$$C_{L_g} = \left[\frac{1}{cos\phi} \right] \cdot C_{L_{n=1}} = n \cdot C_{L_{n=1}} \qquad\qquad [6.1.25]$$

Utilizando esta última expresión y la ecuación [6.1.22] en la ecuación [6.1.23] se puede escribir:

El Avión. Calidad del Equilibrio, Control y Estabilidad Dinámica.

$$\delta_e = \delta_{e_0} - \frac{C_{m_{C_{L_{M.F.}}}}}{C_{m_\delta}} \cdot n \cdot C_{L_{n=1}} - \frac{g \cdot l_t}{\tau \cdot V^2} \cdot \left(n - \frac{1}{n}\right) \qquad [6.1.26]$$

expresión que permite determinar el δ necesario para efectuar un giro a nivel con un determinado factor de carga. Derivando esta ecuación con respecto a n, se obtiene el gradiente de deflexión del timón de profundidad por factor de carga:

$$\frac{\partial \delta}{\partial n} = \frac{N_0 - X_{c.g.}/C}{C_{m_\delta}} \cdot C_{L_{n=1}} - \frac{g \cdot l_t}{\tau \cdot V^2} \cdot \left(1 + \frac{1}{n^2}\right) \qquad [6.1.27]$$

El punto neutro de maniobra con mando fijo, evaluado de manera similar a lo efectuado para la maniobra de restablecida, es:

$$N_{0_{m.g}} = \left[\frac{X_{C.G.}}{C}\right]_{\frac{\partial \delta}{\partial n}=0} = N_0 - \frac{\rho \cdot g \cdot l_t \cdot C_{m_\delta}}{2 \cdot (W/S) \cdot \tau} \cdot \left(1 + \frac{1}{n^2}\right) \qquad [6.1.28]$$

destacándose que este punto neutro es función del factor de carga.

6.2. FUERZA EN EL MANDO POR FACTOR DE CARGA

La expresión genérica de la fuerza en el mando longitudinal es:

$$F = -G \cdot M_H$$

y el momento de charnela se escribe:

$$M_h = \left[C_{H_0} + (C_{H_0} \cdot \alpha_t) + (C_{H_\delta} \cdot \delta) + \left(C_{H_{\delta_t}} \cdot \delta_t\right)\right] \cdot q \cdot S_e \cdot C_e \cdot \eta_t \qquad [6.2.1]$$

Recordando que:

$$K = -G \cdot S_e \cdot C_e \cdot \eta_t$$

y reemplazando términos, la fuerza en el mando longitudinal es:

$$F = K \cdot q \cdot \left[C_{H_0} + (C_{H_\alpha} \cdot \alpha_t) + (C_{H_\delta} \cdot \delta) + \left(C_{H_{\delta_t}} \cdot \delta_t\right)\right] \qquad [6.2.2]$$

Donde α_t es ángulo de ataque en el empenaje durante la maniobra, con un factor de carga n, y δ el ángulo necesario del elevador para realizarla.

Escribiendo α_t en términos de C_L e incluyendo la variación que se produce como consecuencia de la velocidad angular de cabeceo, resulta:

$$\alpha_t = \frac{C_L}{a} \cdot (1 - \dot{\varepsilon}) + \alpha_0 - i_w + i_t + [\Delta\alpha]_{maniobra} \qquad [6.2.3]$$

El C_L necesario para ejecutar la maniobra es:

$$C_L = n \cdot C_{L_{n=1}} = n \cdot \frac{2 \cdot (W/S)}{\rho \cdot V^2} \qquad [6.2.4]$$

y el δ requerido, de acuerdo con el punto anterior, ecuación [6.1.13]:

$$\delta = \delta_{e_0} - \frac{C_{m_{C_{L_{M.F.}}}}}{C_{m_\delta}} \cdot n \cdot C_{L_{n=1}} - \frac{Q \cdot l_t}{\tau \cdot V} \qquad [6.2.5]$$

Si se tiene en cuenta las ecuaciones [6.2.4] y [6.2.5], la fuerza necesaria para ejecutar la maniobra, ecuación [6.2.2], resulta:

$$F = K \cdot q \cdot \left\{ C_{H_{0_{perfil}}} + C_{H_\alpha} \cdot \left[\frac{C_L}{a} \cdot (1 - \dot{\varepsilon}) + (\alpha_0 - i_w + i_t) \right] \right\} + K \cdot q \cdot$$

$$\cdot \left\{ C_{H_\delta} \left[\delta_{e_0} - \frac{C_{m_{C_{L_{M.F.}}}}}{C_{m_\delta}} \cdot n \cdot C_{L_{n=1}} - \frac{Q \cdot l_t}{\tau \cdot V} \right] + \left(C_{H_{\delta_t}} \cdot \delta_t \right) + C_{H_\alpha} \cdot \frac{Q \cdot l_t}{V} \right\} \qquad [6.2.6]$$

Recordando la definición del término C_{H_0}, ecuación [5.1.10] y la variación de la calidad del equilibrio cuando se deja el mando libre, ecuación [4.3.7], reemplazando y operando se llega a la siguiente ecuación de la fuerza:

$$F = K \cdot \left\{ \left(C_{H_0} + C_{H_{\delta_t}} \cdot \delta_t \right) - \frac{C_{H_\delta}}{C_{m_\delta}} \cdot n \cdot C_{L_{n=1}} \cdot C_{m_{C_{L_{M.L.}}}} \right\} \cdot \frac{1}{2} \cdot \rho \cdot V^2 +$$

$$+ K \cdot \left\{ \frac{l_t}{V} \cdot \left(C_{H_\alpha} - \frac{C_{H_\delta}}{\tau} \right) \cdot Q \right\} \cdot \frac{1}{2} \cdot \rho \cdot V^2 \qquad [6.2.7]$$

Si se introduce el coeficiente de sustentación, correspondiente a la condición de vuelo nivelado $(L = W)$, en términos de la carga alar y la presión dinámica, la fuerza en el mando longitudinal, resulta:

$$F = K \cdot \left[\left(C_{H_0} + C_{H_{\delta_t}} \cdot \delta_t \right) \cdot \frac{1}{2} \cdot \rho \cdot V^2 - \frac{C_{H_\delta}}{C_{m_\delta}} \cdot (W/S) \cdot C_{m_{C_{L_{M.L.}}}} \cdot n \right] +$$

$$+ K \cdot \left[\frac{l_t}{V} \cdot \frac{1}{2} \cdot \rho \cdot V^2 \cdot \left(C_{H_\alpha} - \frac{C_{H_\delta}}{\tau} \right) \cdot Q \right] \qquad [6.2.8]$$

Expresión en la cual se puede ver que para un factor de carga unitario ($n = 1$), es decir velocidad de cabeceo nula ($Q = 0$), la expresión de la fuerza es igual que la obtenida para el caso de vuelo recto horizontal estacionario, ecuación [5.1.14].

6.2.1. Restablecida

Para determinar la fuerza necesaria para efectuar una restablecida se introduce, en la ecuación [6.2.8], la velocidad angular de cabeceo en términos del factor de carga, la cual para la maniobra de restablecida, ecuación [6.1.5], es:

$$Q = \frac{g}{V} \cdot (n - 1)$$

lo cual conduce a la siguiente expresión:

$$F = K \cdot \left\{ \left(C_{H_0} + C_{H_{\delta_t}} \cdot \delta_t \right) \cdot \frac{1}{2} \cdot \rho \cdot V^2 - \frac{C_{H_\delta}}{C_{m_\delta}} \cdot (W/S) \cdot C_{m_{C_{L.M.L.}}} \cdot n \right\} +$$

$$+ K \left\{ \frac{g \cdot \rho}{2} \cdot l_t \cdot \left(C_{H_\alpha} - \frac{C_{H_\delta}}{\tau} \right) \cdot (n - 1) \right\} \qquad [6.2.9]$$

La fuerza que debe hacer un piloto para efectuar una restablecida con un factor de carga n, a partir de una condición ajustada y manteniendo constante la velocidad, se obtiene introduciendo en la ecuación [6.2.9] el δ_t en función de la V_{ajuste}, ecuación [5.1.17]:

$$F = K \cdot \frac{(W/S) \cdot C_{H_\delta}}{C_{m_\delta}} \cdot C_{m_{C_{L.M.L.}}} \cdot \left(\frac{V^2}{V^2_{[ajuste]_{n=1}}} - n \right) + K \cdot \frac{g \cdot l_t \cdot \rho}{2} \cdot$$

$$\cdot (n - 1) \left(C_{H_\alpha} - \frac{C_{H_\delta}}{\tau} \right) \qquad [6.2.10]$$

Se puede ver en la ecuación [6.2.10] que para un factor de carga unitario ($n = 1$), la fuerza es igual a la obtenida para vuelo recto horizontal, ecuación [5.1.19].

Si durante una restablecida el piloto deja el mando libre ($F = 0$), el avión desarrollará un factor de carga que dependerá de la velocidad a la cual está ajustado y cuyo valor se puede obtener igualando a cero la ecuación anterior y despejando n. La magnitud y signo del factor de carga dependerá de la V_{ajuste} y de la velocidad a la cual se realiza la maniobra.

6.2.2. Giro nivelado

La única diferencia en el tratamiento del tema de fuerza necesaria para efectuar un giro a nivel o giro sostenido, con respecto a la maniobra de restablecida estacionaria radica en la ecuación de la velocidad angular de cabeceo en función del factor de carga, la cual para el giro es, ecuación [6.1.22]:

$$Q = \frac{g}{V} \cdot \left(n - \frac{1}{n} \right)$$

Operando en forma similar a lo realizado para la maniobra de restablecida se llega a la expresión de la fuerza necesaria para efectuar el giro:

$$F = K \cdot \left[\left(C_{H_0} + C_{H_{\delta_t}} \cdot \delta_t \right) \cdot \frac{1}{2} \cdot \rho \cdot V^2 - \left(\frac{C_{H_\delta}}{C_{m_\delta}} \right) \cdot (W/S) \cdot C_{m_{C_{L_{M.L.}}}} \cdot n \right] +$$

$$+ K \cdot \left[\frac{g \cdot \rho \cdot l_t}{2} \cdot \left(C_{H_\alpha} - \frac{C_{H_\delta}}{\tau} \right) \cdot \left(n - \frac{1}{n} \right) \right] \qquad [6.2.11]$$

6.3. GRADIENTE DE ESFUERZO POR G

6.3.1. Restablecida

Si se deriva la ecuación de fuerza [6.2.9] con respecto al factor de carga n, se obtiene el denominado gradiente de esfuerzo por factor de carga:

$$\frac{\partial F}{\partial n} = K \cdot \left[-\frac{C_{H_\delta}}{C_{m_\delta}} \cdot (W/S) \cdot C_{m_{C_{L_{M.L.}}}} + l_t \cdot \frac{g \cdot \rho}{2} \cdot \left(C_{H_\alpha} - \frac{C_{H_\delta}}{\tau} \right) \right]$$

Ordenando:

$$\frac{\partial F}{\partial n} = K \cdot \frac{g \cdot \rho \cdot l_t}{2} \cdot \left[C_{H_\alpha} - \frac{C_{H_\delta}}{\tau} \right] - K \cdot \frac{C_{H_\delta}}{C_{m_\delta}} \cdot (W/S) \cdot C_{m_{C_{L_{M.L.}}}} \qquad [6.3.1]$$

La posición del $X_{c.g.}$ en la cual este gradiente es nulo se denomina punto neutro de maniobra con mando libre (N'_{0m}). Para obtener la ecuación que permite determinarlo se introduce, en la ecuación [6.3.1], la calidad del equilibrio con mandos libres en términos del margen estático; reemplazando $X_{c.g.}$ por N'_{0m}, resulta:

$$\frac{\partial F}{\partial n} = K \cdot \frac{g \cdot \rho \cdot l_t}{2} \cdot \left(C_{H_\alpha} - \frac{C_{H_\delta}}{\tau} \right) - K \cdot \frac{C_{H_\delta}}{C_{m_\delta}} \cdot (W/S) \cdot \left(N'_{0_{m_r}} - N'_0 \right) = 0 \qquad [6.3.2]$$

Expresión de la cual se despeja el punto neutro de maniobra con mando libre:

$$N'_{0_{m_r}} = N'_0 + \frac{\rho \cdot g \cdot l_t}{2 \cdot (W/S)} \cdot \frac{C_{m_\delta}}{C_{H_\delta}} \cdot \left(C_{H_\alpha} - \frac{C_{H_\delta}}{\tau} \right) \qquad [6.3.3]$$

El Avión. Calidad del Equilibrio, Control y Estabilidad Dinámica.

A semejanza del punto neutro de maniobra con mando fijo y por las mismas razones, el N'_{0m} se encuentra atrás del punto neutro con mando libre. Utilizando la ecuación [6.3.3] en la ecuación [6.3.1], se obtiene:

$$\left[\frac{\partial F}{\partial n}\right]_r = -K \cdot \left(\frac{C_{H\delta}}{C_{m\delta}}\right) \cdot (W/S) \cdot \left(\frac{X_{c.g.}}{C} - N'_{0m_r}\right) \qquad [6.3.4]$$

ecuación que pone en evidencia que el valor del gradiente, entre otros parámetros, es una función de la posición del centro de masas. Derivando la ecuación [6.3.4] con respecto al $X_{c.g.}$ se tiene:

$$\frac{\partial \left(\frac{\partial F}{\partial n}\right)}{\partial \left(\frac{X_{c.g.}}{C}\right)} = -K \cdot \frac{C_{H\delta}}{C_{m\delta}} \cdot (W/S) \qquad [6.3.5]$$

A diferencia del gradiente de deflexión del elevador por factor de carga o por g, el gradiente de esfuerzo por factor de carga es un requerimiento de las normas MIL, Ref. 12, por cuanto es un parámetro muy importante a la hora de calificar la sensibilidad del mando longitudinal en maniobra.

Un valor grande del gradiente significa que el piloto debe efectuar un gran esfuerzo para tirar reducidos valores del factor de carga, mientras que si es pequeño con una fuerza pequeña tirara elevados factores de carga, con todo el riesgo que ello implica.

Como valores máximos del gradiente se recomienda o algunas normas requieren, valores comprendidos entre:

$$40\ Lb./g \quad < \left[\frac{\partial F}{\partial n}\right]_{máx} < 120\ Lb./g$$

y como valores mínimos:

$$6\ Lb./g \quad < \left[\frac{\partial F}{\partial n}\right]_{mín} < 15\ Lb./g$$

Los límites inferiores corresponden a aviones con gran maniobrabilidad (acrobáticos, cazas, etc.), en tanto que los superiores a aviones con pocas exigencias (transporte, bombarderos, etc.).

En la Fig. 6.4 se ha graficado $\partial F/\partial n$ en función de la posición del centro de masas y se muestra los límites requeridos por norma para un avión de alta maniobrabilidad. Surgen así dos nuevos condicionamientos para la posición del centro de masas, un límite delantero y otro trasero, con el fin de mantener el gradiente de esfuerzo por factor de carga entre los valores límites de gradientes exigidos o recomendados.

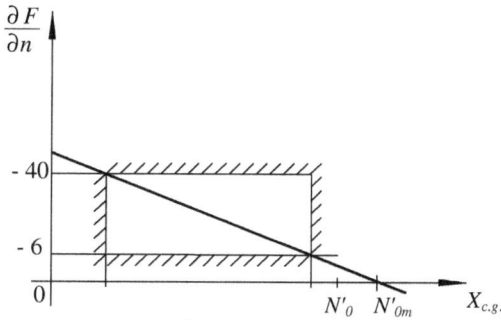

FIGURA 6.4. Gradiente de esfuerzo por factor de carga en función del centro de masas

6.3.2. Giro nivelado

Derivando la ecuación [6.2.11] se obtiene el gradiente de esfuerzo por factor de carga:

$$\frac{\partial F}{\partial n} = \frac{K \cdot \rho \cdot g \cdot l_t}{2} \cdot \left(C_{H_\alpha} - \frac{C_{H_\delta}}{\tau} \right) \cdot \left(1 + \frac{1}{n^2} \right) - K \cdot \frac{C_{H_\delta}}{C_{m_\delta}} \cdot \frac{W}{S} \cdot C_{m_{C_{L_{M.L.}}}} \qquad [6.3.6]$$

y el punto neutro de maniobra con mando libre es igual a:

$$N'_{0_{m.g}} = N'_0 + \frac{\rho \cdot g \cdot l_t}{2 \cdot (W/S)} \cdot \frac{C_{m_\delta}}{C_{H_\delta}} \cdot \left(C_{H_\alpha} - \frac{C_{H_\delta}}{\tau} \right) \cdot \left(1 + \frac{1}{n^2} \right) \qquad [6.3.7]$$

Para el giro sostenido, la ecuación que nos permite obtener el gradiente de esfuerzo por g en términos de $X_{c.g.}$ y $N'_{0_{m.g}}$ es:

$$\left[\frac{\partial F}{\partial n} \right]_g = -K \cdot \frac{C_{H_\delta}}{C_{m_\delta}} \cdot \frac{W}{S} \cdot \left(\frac{X_{c.g.}}{C} - N'_{0_{m_g}} \right) \qquad [6.3.8]$$

6.4. CONTROL DE FUERZAS Y GRADIENTES EN MANIOBRA

La fuerza necesaria en el mando longitudinal para efectuar maniobras y sus gradientes, deben satisfacer los requisitos de norma o de diseño que se demanden. Para tener en cuenta el factor de carga se introduce en los cinematismos del sistema de control una masa desbalanceada, Fig. 6.5, que variara su efecto en función del factor de carga. Se tiene:

$$F_{a_m} \cdot l_2 = n \cdot m \cdot g \cdot l_1 \qquad [6.4.1]$$

despejando:

El Avión. Calidad del Equilibrio, Control y Estabilidad Dinámica.

$$F_{a_m} = n \cdot m \cdot g \cdot \left(\frac{l_1}{l_2}\right) = n \cdot F_{a_{n=1}}$$

[6.4.2]

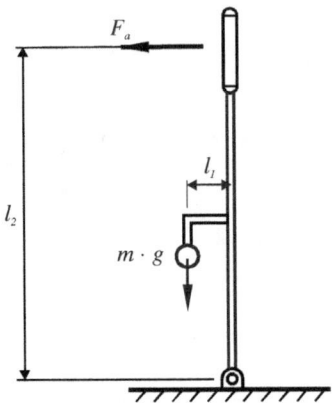

FIGURA 6.5. Sistema de masa desbalanceada

La presencia de una masa desbalanceada produce una variación de la fuerza en el mando proporcional al factor de carga n. Equivale a modificar el término independiente A de la expresión de la fuerza en el mando para vuelo recto horizontal, ecuación [5.3.1].

Derivando la ecuación [6.4.2] con respecto a n resulta:

$$\frac{\partial F_{a_m}}{\partial n} = F_{a_{n=1}}$$

[6.4.3]

La ecuación [6.4.3] señala que la masa desbalanceada modifica también el valor del gradiente en una magnitud constante e independiente del factor de carga, su signo y magnitud dependerá de la ubicación de la masa, Fig. 6.5.

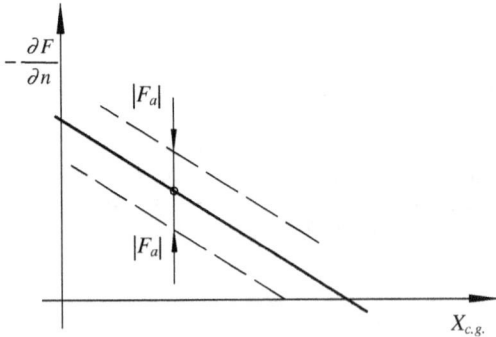

FIGURA 6.6. Efecto de la masa desbalanceada en el gradiente de esfuerzo por factor de carga

6.5. POSICIONES LÍMITES DEL X$_{C.G.}$, MARGEN DE DESPLAZAMIENTO

El aspecto que más resalta de los temas presentados en los Capítulos 2, 3, 4, 5 y 6 es la importancia que adquiere la posición del centro de masas a la hora de calificar la calidad del equilibrio y el control longitudinal. Este hecho es quizás lo que diferencia en mayor medida los vehículos que "vuelan" respecto a otros medios de transporte.

Diferentes posiciones límites de la ubicación del centro de masas, para una configuración convencional de avión como la presentada en la Fig. 6.7, se han representado en la cuerda aerodinámica media (CAM), Fig. 6.8. Cada una de estas posiciones corresponde a limitaciones o condicionamientos específicos, por ejemplo si el $X_{c.g.}$ está posicionado en N_0 el avión tendrá una calidad del equilibrio nula o si estuviera ubicado adelante del $A_{c.g \cdot at.g}$ no podría alcanzar el C_{Lmax} durante el aterrizaje en presencia del suelo.

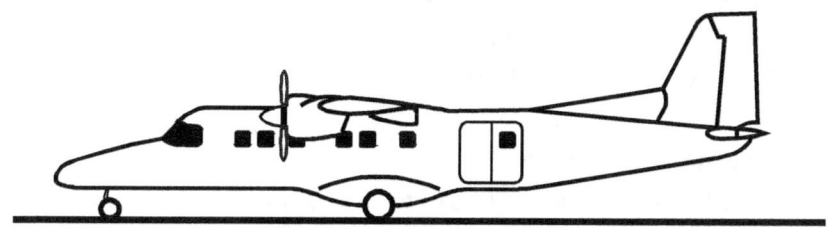

FIGURA 6.7. Avión convencional

Las diferentes posiciones del centro de masas de un avión, para las distintas configuraciones y fases de vuelo autorizadas, se presentan mediante el denominado Diagrama de Centraje, en el cual se indica la posición del centro de masa en función del peso del avión, para cada condición de carga. Un esquema del mismo, junto con la cuerda aerodinámica media, se muestra en la Fig. 6.8.

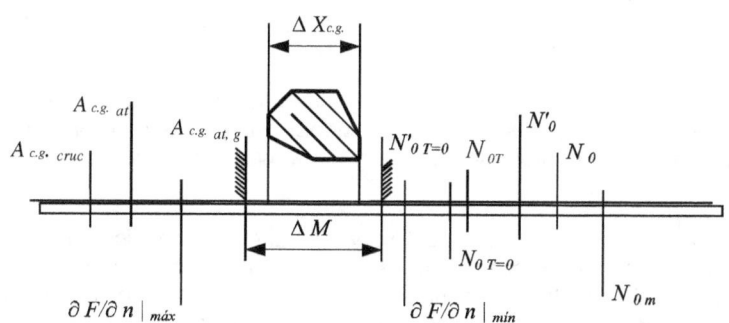

FIGURA 6.8. Límites para la posición del centro de masas

La Fig. 6.8 muestra un ejemplo de las diversas posiciones límites del centro de masas de un avión, para la configuración presentada en la Fig. 6.7, a saber:

El Avión. Calidad del Equilibrio, Control y Estabilidad Dinámica.

a. Posiciones adelantadas, por condicionamientos de control:

   a.1. Equilibrio para el $C_{Lmax}\left(A_{c.g.}\right)$

      1. Crucero, $A_{c.g.cruc.}$

      2. Aterrizaje, $A_{c.g.at.}$

      3. Aterrizaje con efecto suelo, $A_{c.g.at.g.}$

   a.2. Gradiente de esfuerzos $(\partial F/\partial n)$:

      4. Gradiente máximo.

b. Posiciones atrasadas

   b.1. Condicionamientos de calidad del equilibrio

      5. Punto Neutro con mandos fijos, N_0.

      6. Punto Neutro con potencia para $T = 0$, $N_{0\,T=0}$

      7. Punto Neutro con potencia, $N_{0\,T}$.

      8. Punto Neutro con mandos libres, N_0'.

      9. Punto Neutro con mandos libres y potencia para $T = 0$, $N_{0\,T=0}'$.

   b.2. Condicionamiento de control, gradiente de esfuerzos $(\partial F/\partial n)$:

      10. Gradiente mínimo.

Se tiene diferentes posiciones límites que condicionan la posición más adelantada que puede tener el centro de masas, por ejemplo alcanzar el C_{Lmax} en un vuelo recto horizontal equilibrado; de todas estas posiciones límites delanteras la más crítica será indudablemente la más atrasada de todas ellas.

Por otra parte hay posiciones atrasadas que también condicionan la ubicación del centro de masas, en este caso el punto más atrasado que podrá tener el centro de masas será el más adelantado de todos ellos.

El margen de desplazamiento que finalmente podrá tener el centro de masas (ΔM) surgirá de la determinación, entre todas las configuraciones y condiciones probables de vuelo, de la posición más atrasada de las adelantadas y de la más adelantada de las atrasadas, Fig. 6.9.

Analizando el camino recorrido, para determinar las diferentes posiciones límites del centro de masas, se destaca el rol que juega el punto neutro con mando fijo pues todos las posiciones límites del centro de masas están referidas al mismo; esto adquiere vital importancia a la hora de tratar de solucionar problemas con la ubicación del margen de desplazamiento del centro de masas constructivo del avión $(\Delta X_{c.g})$, Fig. 6.9-a, o bien con márgenes reducidos, Fig. 6.9-b. En el primer caso la solución debe propender a desplazar el punto neutro, mientras que en el segundo se debe procurar adaptar la distancia entre la posición crítica y el punto neutro con mandos fijos de acuerdo con las necesidades, Fig. 6.9. En este último caso, también será necesario aumentar la potencia del control longitudinal.

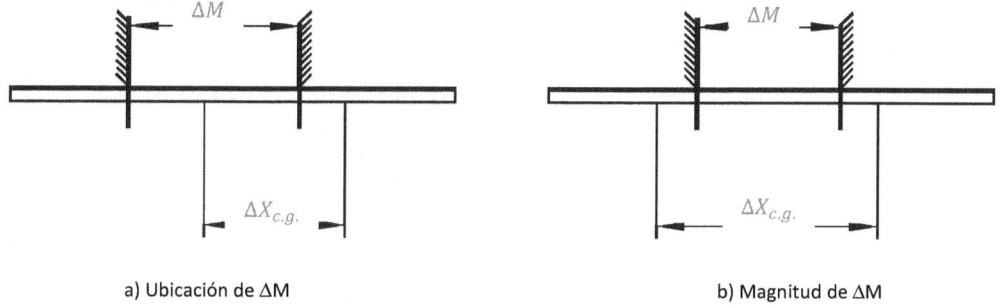

a) Ubicación de ΔM

b) Magnitud de ΔM

FIGURA 6.9. Problemas con el margen de desplazamiento del centro de masas

CAPÍTULO 7

CALIDAD DEL EQUILIBRIO Y CONTROL DIRECCIONAL

7.1. INTRODUCCIÓN

En este capítulo se estudiará el equilibrio y control del avión cuando el vector velocidad de avance del vehículo no está en el plano de simetría del mismo. Ello significa que el viento relativo forma un cierto ángulo con el plano $X_c - O_{c.g.} - Z_c$, ángulo al cual se lo denomina ángulo de deslizamiento β, Fig. 7.1:

$$\beta = sen^{-1}\frac{V}{V}$$

De acuerdo a la convención de signos adoptada β es positivo cuando se desliza hacia la derecha $(V > 0)$.

Se define como ángulo de guiñada al desplazamiento angular de la línea central del avión desde alguna dirección acimutal (dirección de referencia u orientadora). Adoptando como dirección orientadora la dirección del viento relativo para definir ψ, se tendrá para ese caso particular y de acuerdo con la convención de signos adoptada:

$$\beta = -\psi$$

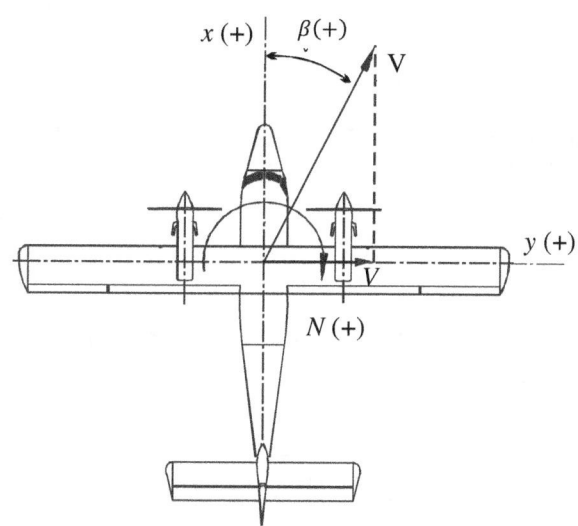

FIGURA 7.1. Ángulo de deslizamiento

En presencia de un deslizamiento y considerando movimiento asimétrico ó transversal, la velocidad angular del avión tiene dos componentes, una alrededor del eje $x - x$ y otra alrededor del eje $z - z$, en cambio el movimiento longitudinal tiene un solo eje de rotación $(y - y)$ lo cual simplifica el tratamiento de la calidad del equilibrio en ese movimiento.

El Avión. Calidad del Equilibrio, Control y Estabilidad Dinámica.

Para estudiar la calidad del equilibrio y el control direccional se supone que el avión tiene un solo grado de libertad, alrededor del eje $z - z$, lo cual implica que la única velocidad angular que puede tener es la de guiñada, es decir que bajo esta hipótesis la velocidad de rolido P será nula y además que α permanece constante.

El problema de la calidad del equilibrio direccional es asegurar que el avión tienda a mantener su vuelo con la condición de deslizamiento nulo ($\beta = 0$) y el del control direccional, es el de generar el momento de guiñada necesario para equilibrar los momentos que surgen durante maniobras que producen deslizamiento (por ejemplo vuelo con un motor detenido en aviones multimotores) o bien el momento de guiñada necesario para mantener un β constante ($C_n = 0$); en condiciones de vuelo que requieran deslizamiento (por ejemplo viento lateral durante el decolaje o el aterrizaje).

7.2. CALIDAD DEL EQUILIBRIO DIRECCIONAL

El momento de guiñada (N) del avión, alrededor del centro de masa, surge de la contribución de cada uno de los elementos que lo integran.

$$N = N_v + N_f + N_h + N_w \qquad\qquad [7.2.1]$$

donde: N_v: contribución del empenaje vertical; N_f: contribución del fuselaje, N_h: contribución de la/s hélice/s y N_w: contribución del ala. El coeficiente del momento de guiñada es:

$$C_n = \frac{N}{\frac{1}{2} \cdot \rho \cdot V^2 \cdot S \cdot b} \qquad\qquad [7.2.2]$$

y dividiendo la ecuación [7.2.1] por $q \cdot S \cdot b$ se tiene:

$$C_n = C_{n_v} + C_{n_f} + C_{n_h} + C_{n_w} \qquad\qquad [7.2.3]$$

En la condición de equilibrio se cumple que $N = 0$ o lo que es lo mismo $C_n = 0$, ya sea para un valor constante de deslizamiento ó $\beta = 0$.

Bajo la hipótesis de que el movimiento transversal del avión tiene un sólo grado de libertad, alrededor del eje $z - z$, y considerando que la condición inicial de equilibrio implica que el avión no tiene velocidad angular de guiñada ($r = 0$), se define la calidad del equilibrio direccional como la tendencia del aeroplano a permanecer con un ángulo de deslizamiento constante cuando se produce una perturbación, esto significa que en el avión se desarrollan momentos aerodinámicos de guiñada que tienden a anular la perturbación. De acuerdo con la convención de signos adoptada esta condición de calidad del equilibrio direccional se expresa matemáticamente:

$$\frac{\partial C_n}{\partial \beta} > 0$$

En otras palabras, si el avión tiene una calidad del equilibrio direccional positiva $(Cn_\beta > 0)$, cuando se produce una perturbación en la condición de equilibrio y modifica el ángulo de deslizamiento $(\beta \neq Cte.)$, surgirá en la configuración un momento aerodinámico de guiñada positivo que tenderá a disminuir el valor de la alteración y tratará de mantener orientado el avión con la dirección del viento relativo, Fig. 7.2. Esta característica se la conoce también como efecto veleta.

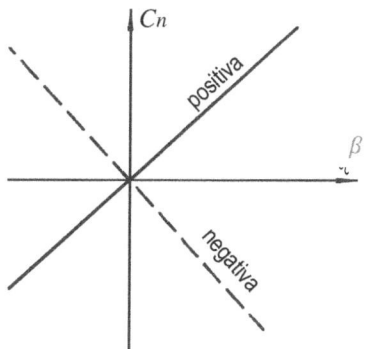

FIGURA 7.2. Calidad del equilibrio direccional

El valor de Cn_β del avión puede ser obtenido mediante diversos procedimientos; por ejemplo determinando en túneles de viento el coeficiente de guiñada en función de β, manteniendo α constante, o bien en la etapa de diseño preliminar su valor puede ser estimado mediante el cálculo del aporte de cada uno de los elementos que componen la configuración, a saber: empenaje vertical, fuselaje, barquillas, ala, etc..

7.3. CONTRIBUCIÓN DE LOS DISTINTOS COMPONENTES DEL AVIÓN

7.3.1. Empenaje vertical

El empenaje vertical es el elemento que más contribuye a la calidad del equilibrio, es a la calidad del equilibrio direccional lo que el empenaje horizontal es a la calidad del equilibrio longitudinal.

Cuando se produce un deslizamiento, el ángulo de ataque del empenaje vertical cambia, esta variación produce una fuerza de sustentación en la deriva, la cual genera un momento de guiñada alrededor del eje $z - z$, Fig. 7.3, el cual se puede expresar como:

$$N_v = -L_v \cdot l_v \qquad [7.3.1]$$

El coeficiente del momento de guiñada se obtiene adimensionalizando la ecuación [7.3.1]:

$$Cn_v = \frac{N_v}{q \cdot S \cdot b} = -\frac{l_v \cdot L_v}{q \cdot S \cdot b} \qquad [7.3.2]$$

donde:

El Avión. Calidad del Equilibrio, Control y Estabilidad Dinámica.

$$L_v = C_{L_v} \cdot q_v \cdot S_v \qquad [7.3.3]$$

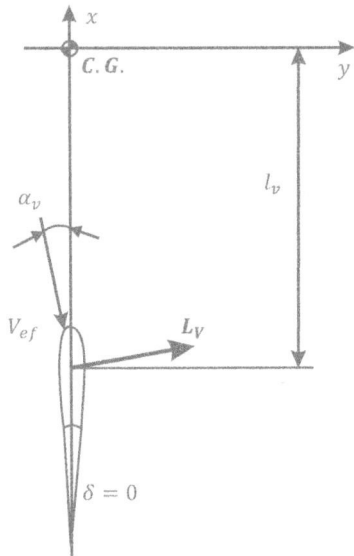

FIGURA 7.3. Empenaje vertical

Reemplazando en la ecuación [7.3.2] y operando:

$$Cn_v = -\left(\frac{l_v \cdot S_v}{S \cdot b}\right) \cdot \left(\frac{q_v}{q}\right) \cdot C_{L_v} \qquad [7.3.4]$$

Si se denomina volumen de cola del empenaje vertical a:

$$\bar{V}_v = \left(\frac{l_v \cdot S_v}{S \cdot b}\right) \qquad [7.3.5]$$

y eficiencia del empenaje vertical a:

$$\eta_v = \left(\frac{q_v}{q}\right) = \frac{\rho_v \cdot V_v^2}{\rho \cdot V^2} \qquad [7.3.6]$$

se puede escribir:

$$Cn_v = -C_{L_v} \cdot \bar{V}_v \cdot \eta_v \qquad [7.3.7]$$

Generalmente η_v adopta un valor unitario para vuelo sin potencia.

En un gran número de aviones los empenajes verticales son de perfiles simétricos, en ese caso:

$$C_{L_v} = a_v \cdot \alpha_v$$

Si el empenaje vertical estuviese solo, el ángulo de ataque sería igual, en valor absoluto, al deslizamiento $(\alpha_v = -\beta)$, pero en presencia de los otros elementos que integran el avión esto no es así. Existe una desviación lateral de la corriente (side-wash), que es equivalente a la desviación vertical de la corriente (down-wash), Capítulo 2, pero resulta más difícil de predecir y muchas veces se requieren de numerosos ensayos en túnel para su obtención.

La deflexión lateral de la corriente es producida por varios factores, a saber:

a. Desplazamiento lateral de los vértices de puntera del ala, Fig. 7.4.

b. Efecto del grupo motopropulsor (hélice), efecto de potencia, Fig. 7.5.

c. Efecto de interferencia del fuselaje y de la combinación ala-fuselaje.

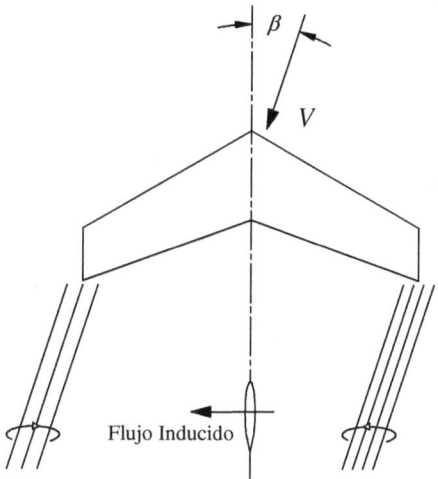

FIGURA 7.4. Vórtices de puntera

La deflexión lateral, σ, puede aportar a la calidad del equilibrio en forma positiva o negativa.

$$\alpha_v = -(\beta + \sigma) \tag{7.3.8}$$

de manera que:

$$Cn_v = a_v \cdot \bar{V}_v \cdot \eta_v \cdot (\beta + \sigma) \tag{7.3.9}$$

donde a_v es la pendiente tridimensional del empenaje vertical. La contribución a la calidad del equilibrio direccional se obtiene derivando la ecuación [7.3.9] con respecto a β:

$$\frac{\partial Cn_v}{\partial \beta} = Cn_{\beta v} = \bar{V}_v \cdot \eta_v \cdot a_v \cdot \left(1 + \frac{\partial \sigma}{\partial \beta}\right) \tag{7.3.10}$$

El Avión. Calidad del Equilibrio, Control y Estabilidad Dinámica.

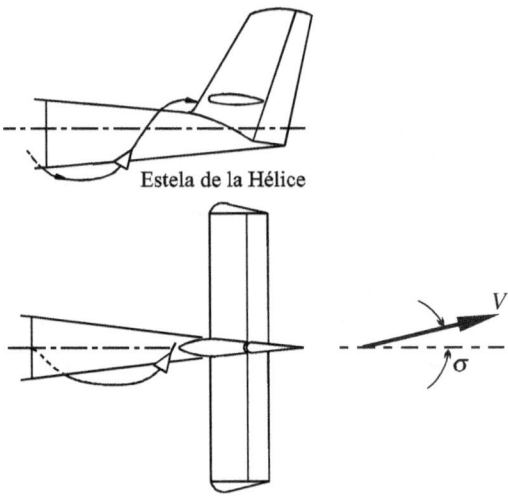

FIGURA 7.5. Estela de la hélice

La ecuación [7.3.10] pone de manifiesto que el empenaje vertical contribuye positivamente a la calidad del equilibrio direccional, ya que $Cn_{\beta v}$ es mayor que cero, pues el volumen de cola, η_v, a_v y $(1 + \partial\sigma/\partial\beta)$ también lo son.

El alargamiento efectivo del empenaje vertical (Λv_{ef}), en configuraciones convencionales de cola, es bastante diferente del geométrico en razón del efecto placa que hacen el empenaje horizontal y el fuselaje. Se aconseja adoptar un valor 55% mayor que el geométrico, para más precisión ver Ref. 7, 8 y 9:

$$\Lambda v_{ef} = 1.55 \cdot \Lambda$$

El término $(1 + \partial\sigma/\partial\beta)$ puede ser evaluado mediante la expresión, Ref. 7:

$$\left(1 + \frac{\partial\sigma}{\partial\beta}\right) \cdot \eta_v = 0.724 + 3.06 \cdot \frac{S_v/S}{1 + cos\Lambda_{C/4}} + 0.4 \cdot \frac{Z_w}{d} + 0.009 \cdot \Lambda_w \qquad [7.3.11]$$

donde:

S_v: Superficie del empenaje vertical incluida el área cubierta por el fuselaje, hasta el eje central del mismo.

Z_w: Distancia desde el cuarto de la cuerda raíz del ala hasta la línea central del fuselaje, tomado positivo hacia arriba.

d: Diámetro máximo del fuselaje.

Λ_w: Alargamiento del ala.

$\Lambda_{C/4}$: Ángulo de flecha de la línea a 1/4 de la cuerda alar.

7.3.2. Fuselaje

La contribución del fuselaje a la calidad del equilibrio direccional es semejante a su contribución a la calidad del equilibrio longitudinal, sin embargo los efectos que surgen de la desviación hacia arriba y abajo del flujo sin perturbar debido a la presencia del ala no están presentes.

Bajo la hipótesis de que el fuselaje es un cuerpo esbelto, la variación del momento de cabeceo con respecto al ángulo de ataque en el caso de flujo potencial, es una función del volumen del cuerpo y de la presión dinámica, por lo tanto para el momento de guiñada se tiene, Refs. 7, 13 y 14:

$$\frac{\partial N}{\partial \beta} \cong -Vol_f \cdot q \qquad [7.3.12]$$

Esta expresión se corrige por el factor $(K_2 - K_1)$ para tener en cuenta la relación de esbeltez del fuselaje, Fig. 7.6.

$$\frac{\partial N}{\partial \beta} \cong -q \cdot (K_2 - K_1) \cdot Vol_f \qquad [7.3.13]$$

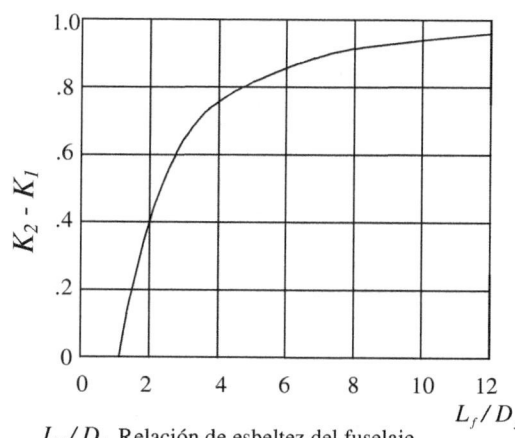

L_f / D_f Relación de esbeltez del fuselaje

FIGURA 7.6. Parámetro $K_2 - K_1$

Para cuerpos que no posean simetría axial la ecuación [7.3.13] se escribe:

$$\frac{\partial N}{\partial \beta} \cong -q \cdot (K_2 - K_1) \cdot \int_0^{L_f} \frac{\pi}{4} \cdot h^2(x) \cdot dx \qquad [7.3.14]$$

donde $h(x)$ es la altura local del fuselaje y dx un diferencial de la longitud del fuselaje (L_f), de manera tal que para cada segmento del fuselaje:

$$\frac{\pi}{4} \cdot h^2(x) \cdot \Delta x$$

da una aproximación del volumen del segmento del fuselaje de longitud Δx, luego:

$$Cn_\beta = \frac{\partial\left(\frac{N}{q \cdot S \cdot b}\right)}{\partial\beta} = -\frac{(K_2 - K_1)}{S \cdot b} \cdot \frac{\pi}{4} \cdot \int\limits_0^{L_f} h^2(x) \cdot dx \qquad [7.3.15]$$

El centro de presión en un fuselaje convencional se ubica generalmente alrededor del 25% de L_f, medido a partir del extremo delantero del cuerpo y normalmente el centro de masas de un avión está atrás de este punto, por lo tanto la contribución del fuselaje a la calidad del equilibrio es negativa.

A elevados ángulos de guiñada la contribución del fuselaje disminuye y puede llegar a ser positiva, pues el centro de presiones se corre hacia atrás; esto puede compensar la disminución de la calidad del equilibrio positiva que se produce en el empenaje vertical como consecuencia de que esta superficie comienza a entrar en pérdida a grandes ángulos de deslizamiento.

7.3.3. Contribución del ala

La contribución del ala a la calidad del equilibrio direccional es pequeña y proviene básicamente de la flecha. En presencia de un deslizamiento las componentes de la velocidad, en la dirección normal a la línea de ¼ de la cuerda, tienen en cada semiala magnitudes diferentes y consecuentemente también lo serán las presiones dinámicas.

Las acciones aerodinámicas en un ala son proporcionales al cuadrado de la velocidad normal a la línea de ¼ de la cuerda; la componente paralela a esta línea sólo genera un flujo lateral que afecta el desarrollo de la capa límite.

Si se tiene presente que la fuerza de resistencia es:

$$D = C_D \cdot \frac{1}{2} \cdot \rho \cdot V^2 \cdot S$$

se puede expresar la resistencia de una semiala en términos de la componente normal de la velocidad, $V_n = V \cdot cos\Lambda$, **Fig. 7.7**, como:

$$D_w = \frac{D_C}{cos^2\Lambda} \cdot \frac{1}{2} \cdot \rho \cdot V_n^2 \cdot S$$

En presencia de un deslizamiento (β), se tiene para la semiala derecha, **Fig. 7.7**:

$$V_{n \cdot d} = V \cdot cos(\Lambda - \beta)$$

y para la izquierda:

$$V_{n \cdot i} = V \cdot cos(\Lambda + \beta)$$

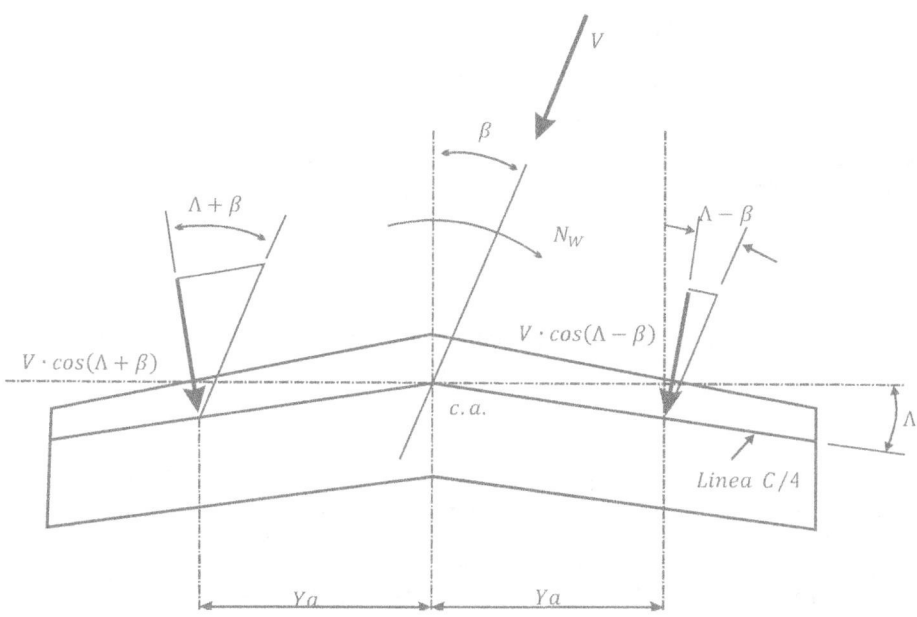

FIGURA 7.7. Velocidades en el ala

Si se supone, en primera aproximación, que el coeficiente de resistencia (C_D) no es función del deslizamiento y que la fuerza de resistencia puede considerarse aplicada en el centro geométrico de la superficie de cada semiala (Ya); el momento de guiñada generado por la resistencia aerodinámica de cada semiala, cuando el deslizamiento no es nulo se puede escribir:

$$N_{w \cdot d} = \frac{C_D}{cos^2 \Lambda} \cdot \frac{1}{2} \cdot \rho \cdot V^2 \cdot \frac{S}{2} \cdot cos^2(\Lambda - \beta) \cdot Ya$$

y para la semiala izquierda:

$$N_{w \cdot i} = -\frac{C_D}{cos^2 \Lambda} \cdot \frac{1}{2} \cdot \rho \cdot V^2 \cdot \frac{S}{2} \cdot cos^2(\Lambda + \beta) \cdot Ya$$

Sumando la contribución de cada semiala:

$$N_w = \frac{C_D}{cos^2 \Lambda} \cdot \frac{1}{2} \cdot \rho \cdot V^2 \cdot \frac{S}{2} \cdot Ya \cdot [cos^2(\Lambda - \beta) - cos^2(\Lambda + \beta)] \qquad [7.3.16]$$

Desarrollando los cosenos y admitiendo, por ser β pequeño, que el sen $\beta \cong \beta$ se tiene:

$$N_w = \frac{C_D}{cos^2 \Lambda} \cdot \frac{1}{2} \cdot \rho \cdot V^2 \cdot S \cdot Ya \cdot \beta \cdot sen(2 \cdot \Lambda) \qquad [7.3.17]$$

Adimensionalizando el momento de guiñada:

$$Cn_w = \frac{Nw}{q \cdot S \cdot b} = \frac{C_D}{cos^2 \Lambda} \cdot \frac{Ya}{b} \cdot \beta \cdot sen(2 \cdot \Lambda) \qquad [7.3.18]$$

El Avión. Calidad del Equilibrio, Control y Estabilidad Dinámica.

y desarrollando $sen\,(2\Lambda)$ resulta:

$$Cn_w = 2 \cdot C_D \cdot \frac{Ya}{b} \cdot \beta \cdot tg\Lambda \qquad [7.3.19]$$

Derivando la ecuación [7.3.19] con respecto a β se obtiene la contribución del ala con flecha a la calidad del equilibrio direccional:

$$\frac{\partial Cn_w}{\partial \beta} = Cn_{\beta_w} = 2 \cdot C_D \cdot \frac{Ya}{b} \cdot tg\Lambda \qquad [7.3.20]$$

Observando la ecuación [7.3.20] se desprende que un ala con flecha positiva tendrá una contribución positiva y será nula cuando al ala no tenga flecha.

7.3.4. Interferencia ala-fuselaje

La calidad del equilibrio direccional de la combinación ala-fuselaje usualmente es un poco diferente de la suma de las dos contribuciones obtenidas por separado, esto se debe a interferencias en la zona de unión ala-fuselaje. En general podemos decir que un avión con ala alta, por efectos de interferencia, tendrá un incremento positivo en la calidad del equilibrio y a medida que desciende la altura de ubicación del ala este incremento se reduce y es nulo cuando el ala es baja.

La presencia del ala produce una variación en la distribución de presiones en el fuselaje, para C_L positivos las sobrepresiones en el intradós corren hacia atrás el centro de presiones del fuselaje modificando su contribución a la calidad del equilibrio; en primera aproximación se pueden adoptar los siguientes valores, Ref. 8:

Ala alta	$\Delta Cn_\beta = 0,0002\,[1/°]$
Ala media	$\Delta Cn_\beta = 0,0001\,[1/°]$
Ala baja	$\Delta Cn_\beta = 0,0000\,[1/°]$

7.3.5. Contribución de la hélice

La hélice puede tener grandes efectos sobre la calidad del equilibrio direccional, negativo si es tractora y positivo si es propulsora. La contribución de la hélice surge de la componente de fuerza lateral en el disco de la hélice como consecuencia de que la velocidad de vuelo no coincide con el eje de tracción cuando hay deslizamiento, Fig. 7.8, ver Capítulo 2, Punto 3.2.

El coeficiente del momento de guiñada producido por la fuerza lateral de una hélice con deslizamiento es:

$$Cn_h = \frac{Yp \cdot l_p}{q \cdot S \cdot b} \qquad [7.3.21]$$

donde:

$$Yp = \frac{C_{Yp} \cdot q \cdot \pi \cdot D^2}{4} \qquad\qquad [7.3.22]$$

y

$$C_{Yp} = \frac{Yp}{\left(\frac{q \cdot \pi \cdot D^2}{4}\right)} \qquad\qquad [7.3.23]$$

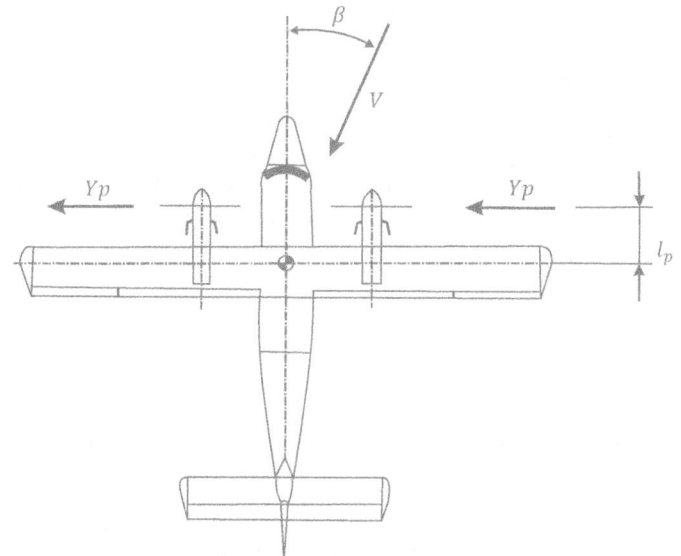

FIGURA 7.8. Fuerza normal en la hélice.

reemplazando se puede escribir:

$$Cn_h = \frac{\frac{\pi}{4} \cdot D^2 \cdot l_p}{S \cdot b} \cdot C_{Yp} \qquad\qquad [7.3.24]$$

Derivando con respecto a β:

$$Cn_{\beta_h} = \frac{\pi \cdot D^2 \cdot l_p}{4 \cdot S \cdot b} \cdot \frac{\partial C_{Yp}}{\partial \beta} \cdot n \qquad\qquad [7.3.25]$$

donde n es el número de motores y l_p la distancia desde el punto de giro de la hélice al plano $Y_c - O_{c.g.} - Z_c$, positivo si la hélice está por delante del centro de masas y C_{Yp} se puede obtener mediante el método propuesto en Ref. 6.

7.3.6. Calidad del equilibrio direccional del avión completo

El efecto total se evalúa sumando la contribución de cada uno de los componentes que conforman el avión.

$$Cn_\beta = Cn_{\beta_v} + Cn_{\beta_f} + Cn_{\beta_h} + Cn_{\beta_w} \qquad [7.3.26]$$

En contraste con lo que sucede con el valor de Cm_{C_L}, la contribución del ala afecta muy poco el valor de Cn_β; esto se debe a que el deslizamiento produce pequeñas fuerzas laterales sobre el ala, mientras que la variación del ángulo de ataque genera grandes cambios en C_L.

7.4. CONTROL DIRECCIONAL

Con la misma hipótesis que se desarrolló el tema de calidad del equilibrio direccional se estudiará el tema del control direccional, es decir que se supondrá que el avión posee sólo un grado de libertad, alrededor del eje $z - z$.

El problema de la calidad del equilibrio es asegurar que el avión tienda a mantener una condición de equilibrio con deslizamiento nulo, mientras que el del control direccional es el de poseer la capacidad necesaria para mantener deslizamiento nulo o constante durante maniobras o condiciones operativas que produzcan deslizamiento. Por ejemplo, en una condición de vuelo estacionaria y para un valor de β distinto de cero y constante, el control direccional debe equilibrar el momento de guiñada que trata de llevar al avión a la condición de $\beta = 0$; lo cual se produce como consecuencia de la calidad del equilibrio direccional con mando fijo $(Cn_\beta > 0)$.

El control direccional en un avión convencional, se realiza mediante una superficie articulada, denominada timón de dirección, la cual forma parte del empenaje vertical y ubicada en la parte posterior del mismo, esta superficie articulada es accionada por el piloto mediante un sistema de pedalera, ver Fig. 7.12.

El piloto utiliza el control direccional, por ejemplo, para: contrarrestar el efecto de viento cruzado durante el decolaje o el aterrizaje, sostener una condición de deslizamiento constante, equilibrar una situación de tracción asimétrica que se presenta en aviones multimotores cuando uno de ellos falla, y otras condiciones de vuelo que se analizarán más adelante.

El momento de guiñada que se produce por la deflexión del timón de dirección puede expresarse como:

$$N_v = -F_v \cdot l_v \qquad [7.4.1]$$

donde l_v es la distancia del centro aerodinámico del empenaje vertical al plano $Y_c - O_{c.g.} - Z_c$ y F_v es la fuerza aerodinámica que surge en el empenaje vertical como consecuencia de la deflexión del timón de dirección (Fig.7.9).

Utilizando coeficientes se puede expresar:

$$F_v = C_{Lv} \cdot S_v \cdot \frac{1}{2} \cdot \rho \cdot V_v^2 \qquad [7.4.2]$$

Adimensionalizando la ecuación [7.4.1] se obtiene:

$$Cn_v = \frac{N_v}{S \cdot b \cdot \frac{1}{2} \cdot \rho \cdot V^2} = -C_{Lv} \cdot \bar{V}_v \cdot \eta_v \qquad [7.4.3]$$

Ahora bien, el coeficiente de sustentación producto de la deflexión del timón de dirección, δ_d, es:

$$C_{Lv} = a_v \cdot \tau_d \cdot \delta_d$$

Donde τ_d es el factor de efectividad, definido en el Capítulo 3, Punto 1. Esencialmente este parámetro indica la variación del ángulo efectivo de ataque de la superficie, por grado de deflexión de la parte articulada, en este caso el timón de dirección.

La deflexión del timón de dirección es positiva cuando el borde de fuga se mueve en el sentido negativo del eje $y - y$. Se puede expresar el coeficiente del momento de guiñada, ecuación [7.4.3], en función de la deflexión del timón de dirección:

$$Cn_v = -a_v \cdot \tau_d \cdot \bar{V}_v \cdot \eta_v \cdot \delta_d \tag{7.4.4}$$

La magnitud del cambio del momento de guiñada producido por unidad de deflexión del timón de dirección se obtiene derivando la expresión del coeficiente de momento de guiñada con respecto a la deflexión δ_d:

$$\frac{\partial Cn_v}{\partial \delta_d} = -a_v \cdot \tau_d \cdot \bar{V}_v \cdot \eta_v = Cn_{\delta d} = Cn_\delta \tag{7.4.5}$$

Cn_δ se denomina potencia del timón de dirección y cuanto más grande sea su valor mayor será la capacidad de control direccional que posea el avión. Debe tener un valor tal que permita sostener una condición de vuelo con $\beta = 0$, bajo las condiciones más críticas que se puedan encontrar en el dominio de vuelo del avión y en las condiciones operativas más desfavorables, p. ej. tracción asimétrica, viento cruzado, vuelo en giro sostenido etc.

El coeficiente del momento de guiñada de un avión, en presencia de un deslizamiento, se puede expresar como:

$$Cn = Cn_\beta \cdot \beta + Cn_\delta \cdot \delta_d \tag{7.4.6}$$

donde Cn_β es el ya conocido parámetro que caracteriza la calidad del equilibrio direccional con mandos fijos. Para la condición de equilibrio $(Cn = 0)$ el ángulo de deslizamiento que se puede sostener para una dada deflexión del timón de dirección será:

$$\beta = -\frac{Cn_\delta}{Cn_\beta} \cdot \delta_d \tag{7.4.7}$$

El deslizamiento es proporcional a la potencia del control direccional y a la deflexión del timón e inversamente proporcional a la calidad del equilibrio.

Los valores que normalmente se utiliza como deflexión máxima del timón son del orden de los ± 25º; si se utiliza una superficie articulada doble se puede aumentar la deflexión del control. Las principales maniobras y condiciones de vuelo que introducen momentos de guiñada y deben ser equilibrados por el control direccional son:

a. Vuelo recto estacionario con deslizamiento $(\beta \neq 0)$, esta maniobra la realizan los pilotos para incrementar la resistencia aerodinámica del avión con el fin de aumentar el ángulo de planeo, disminuyendo el avance durante el descenso.

Ángulo de planeo: $\varepsilon = \dfrac{c_D}{c_L}$

b. Guiñada adversa, cuando el avión rola debido a la acción de los alerones se genera un momento de guiñada que tiende a oponerse a la maniobra deseada, momento al cual se denomina guiñada adversa.

Para realizar un rolido a la derecha, los alerones producen un incremento de la sustentación en la semiala izquierda y una disminución de la misma en la semiala derecha, esta variación de la sustentación trae aparejada una variación de la resistencia inducida en cada semiala, a mayor sustentación mayor resistencia inducida y viceversa. Este aumento de resistencia en la semiala izquierda y disminución en la semiala derecha, produce un momento de guiñada que tiende a hacer girar el avión hacia la izquierda, es decir, rolido a la derecha y guiñada la izquierda. Es función del timón de dirección contrarrestar el momento de guiñada adverso producido por los alerones.

c. Rotación del chorro de la hélice. En aviones monomotores, la componente tangencial de la velocidad angular de la estela de la hélice, produce una variación del ángulo de ataque efectivo en la deriva, Fig. 7.5.

d. Tirabuzón: En aviones de alta maniobrabilidad el timón de dirección es el control aerodinámico de mayor potencia para salir del mismo.

e. Viento cruzado en el decolaje o el aterrizaje, en presencia de un viento lateral la calidad del equilibrio direccional positiva procurara orientarlo en la dirección del viento relativo, por lo cual el timón de dirección debe ser lo suficientemente poderoso para contrarrestar el momento de guiñada que se genera en presencia de un deslizamiento y mantener el avión alineado con el eje de la pista.

f. Potencia asimétrica: En aviones multimotores la condición de tracción asimétrica, por falla en alguno de los motores, produce un momento de guiñada que debe ser equilibrado mediante la utilización del control direccional.

Las maniobras y/o condiciones operativas más críticas a considerar en el diseño del timón de dirección, dependen de la configuración geométrica y tipo de avión, sus características operacionales y de las normas bajo las cuales va a ser certificado.

Se puede considerar que la condición de vuelo estacionario con deslizamiento y maniobra de rolido con guiñada adversa no son críticas para aviones livianos o de transporte, por sus bajos requerimientos de maniobrabilidad.

En aviones monomotores a hélice, de alta performance y maniobrabilidad, por ejemplo aviones cazas o acrobáticos, se debe prestar especial atención a condiciones de vuelo con elevada potencia y baja velocidad, pues es en este caso que se hace máxima la variación del ángulo de ataque efectivo en la deriva. Un sistema de hélices contrarrotativas disminuye notablemente este efecto.

El timón de dirección es un órgano de control que puede llegar a ser muy importante para sacar el avión de un tirabuzón, la eficacia del timón dependerá de la ubicación geométrica y dimensiones del empenaje vertical y del timón de dirección, es necesario que ellos estén fuera de la zona perturbada del flujo durante la maniobra para que se puedan generar las acciones aerodinámicas que contrarresten las de inercia y saquen al avión del tirabuzón. El tirabuzón es una maniobra compleja donde interactúan acciones aerodinámicas con fuerzas de inercia.

Las normas establecen los requisitos que deben satisfacer el control direccional de los diferentes tipos de aviones, durante el aterrizaje y el decolaje con viento cruzado, incluyendo la condición de vuelo con motores inoperativos en aviones multimotores. En este último tipo de aviones la condición operativa de vuelo con motor/es detenido/s es la que condiciona generalmente el diseño del control direccional.

7.5. VUELO CON UN MOTOR DETENIDO EN AVIONES MULTIMOTORES

Al detenerse un motor en un avión multimotor, por cualquier tipo de problema que se haya presentado: falla mecánica en el motor, rotura de hélice, etc., se produce un momento de guiñada debido a la tracción de los que siguen funcionando y a la resistencia aerodinámica del que está detenido. Este momento de guiñada debe ser contrarrestado con una deflexión del timón de dirección generando una fuerza F_v, de magnitud suficiente para anular el momento de guiñada producido por la tracción asimétrica, ver Fig. 7.9.

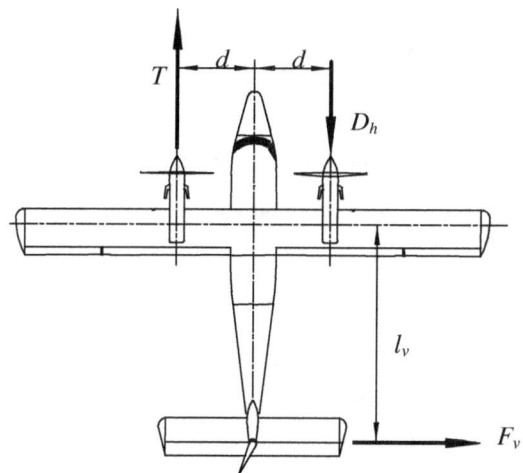

FIGURA 7.9. Fuerzas en un bimotor con un motor detenido

Cuando se produce la detención del motor y para sostener una condición de vuelo estacionario, se tienen que satisfacer las condiciones de equilibrio de fuerzas y momentos mediante la utilización de los controles correspondientes.

La presencia de la fuerza F_v en el empenaje vertical, produce inicialmente un desequilibrio de fuerzas en la dirección del eje cuerpo $y - y$; para lograr nuevamente una condición de equilibrio y sostener el vuelo estacionario, existen diversas condiciones de vuelo, de las cuales se citará las dos maniobras límites: a) deslizar el avión o b) inclinarlo transversalmente.

a. Deslizar el avión para que genere un momento de guiñada que compense el producido por la tracción asimétrica. Esta configuración de vuelo no es conveniente en razón de que trae aparejado un incremento en la resistencia al avance del avión en condiciones de vuelo en el cual la tracción disponible ha sufrido una sensible disminución.

b. Inclinar transversalmente el avión, hacia el lado del motor que funciona, de manera que una componente del peso W del avión compense la fuerza transversal F_v, evitando el deslizamiento del mismo, Fig. 7.10. Desde el punto de vista aerodinámico continuará su vuelo simétrico, sin deslizamiento, evitando el aumento de la resistencia.

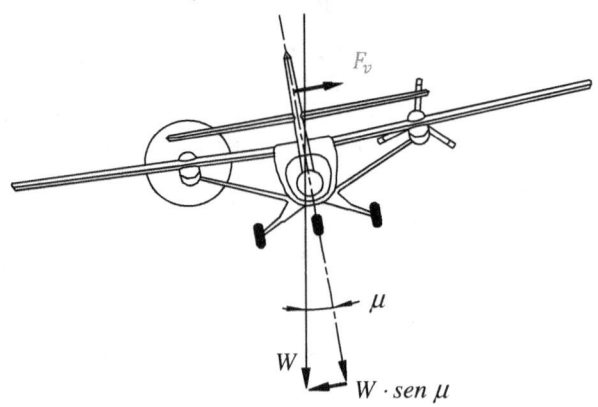

FIGURA 7.10. Vuelo con un motor detenido e inclinación lateral

La condición de equilibrio de momentos que debe ser satisfecha es:

$$N = (T + D_h) \cdot d - F_v \cdot l_v = 0 \qquad [7.5.1]$$

donde:

T Tracción de los motores operativos.

D_h Resistencia del o los motor/es inoperativo/s.

d Brazo de palanca del motor.

Despejando de la ecuación [7.5.1] se tiene:

$$F_v = \frac{(T + D_h) \cdot d}{l_v} \qquad [7.5.2]$$

La condición de equilibrio de fuerzas en la dirección del eje $y - y$, cuando el avión se inclina lateralmente un ángulo μ, es:

$$F_v - W \cdot sen\, \mu = 0$$

y $\qquad\qquad\qquad\qquad\qquad\qquad\qquad\qquad\qquad\qquad\qquad$ [7.5.3]

$$F_v = W \cdot sen\, \mu = a_v \cdot \tau_d \cdot \delta_d \cdot \frac{1}{2} \cdot \rho \cdot V_v^2 \cdot S_v$$

despejando, se obtiene:

$$\mu = sen^{-1}\frac{F_v}{W}$$ [7.5.4]

Según norma el valor de μ debe ser menor o igual a 5º. Los requerimientos de control direccional se pueden ver en las normas DNAR 23-147 y 25-147, (control direccional y lateral), Ref. 10.

7.5.1. Velocidad crítica. Falla de motor en el decolaje

Tanto desde el punto de vista del control direccional, como de las performances de trepada, la condición más crítica de falla del motor ocurre en el decolaje, durante esta maniobra se tiene la condición de máxima tracción, por lo tanto si se produce una falla en el sistema de propulsión, el momento de guiñada que surge como producto de la asimetría en la tracción será máximo, mientras que por otro lado la velocidad relativa del avión será baja y por lo tanto las acciones aerodinámicas en el empenaje vertical también lo serán.

El máximo momento de guiñada que se puede imponer al avión con el timón de dirección, para una velocidad dada, corresponderá a la máxima deflexión del timón de dirección, es decir:

$$N_{\delta\,max} = a_v \cdot \tau \cdot \delta_{d\,max} \cdot q \cdot S_v \cdot l_v = cte \cdot V^2$$ [7.5.5]

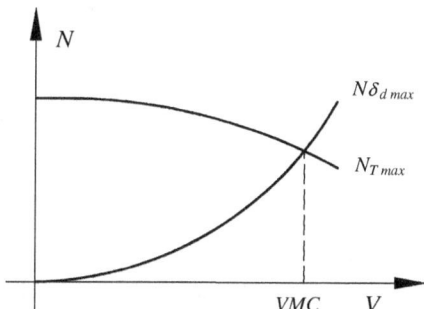

FIGURA 7.11. Velocidad crítica

Se desprende de la ecuación [7.5.5] que durante el despegue, $N_{\delta d\,max}$ va aumentando con el cuadrado de la velocidad, Fig. 7.11. Por otro lado, el momento de guiñada producto de la asimetría en la tracción será máximo para $V = 0$, puesto que a medida que aumenta la velocidad de avance, va disminuyendo levemente la tracción para aviones con hélices, por lo tanto también el momento de guiñada disminuirá. En aviones a reacción el empuje no cambia sensiblemente con la velocidad.

Si se analiza las curvas que representan los momentos de guiñada que surgen de la tracción asimétrica y del timón de dirección para su máxima deflexión, Fig. 7.11, se ve que para una cierta velocidad se igualan ambos momentos, esta velocidad crítica por debajo de la cual el control direccional no puede equilibrar la tracción asimétrica, se denomina Velocidad de mínimo control (VMC) y es mencionado en las normas DNAR: 23-149 y 25-149, Ref. 10; se puede decir que no debe ser superior a 1.2 veces la velocidad de pérdida con máximo peso, configuración de decolaje, máxima potencia en el o los motores etc.

7.5.2. Motor crítico

Como se vio en el Capítulo 2, Punto 3.2, cuando la velocidad relativa tiene un ángulo de ataque distinto de cero, respecto al eje de la hélice, la dirección de la resultante aerodinámica no coincide con el eje de rotación, el centro de presión se desplaza y aparece una fuerza normal en el disco de la hélice.

El corrimiento del centro de aplicación de la resultante aerodinámica y por ende el de su componente en la dirección del eje de rotación (Tracción) depende del sentido de giro de la hélice, si este es horario, en la dirección de avance de la hélice, el desplazamiento es en el sentido positivo del eje $y - y$; si es antihorario en el negativo. El principal efecto de este corrimiento es modificar la distancia de la tracción al centro de masas y por consiguiente su momento de guiñada.

Se define como motor crítico aquel que al detenerse produce el mayor el momento de guiñada, en el caso de hélices que tienen rotación horaria, el motor crítico será el izquierdo ya que la tracción del derecho tendrá un mayor brazo de palanca y por lo tanto producirá un mayor momento. Si las hélices tienen un sentido de rotación antihorario el motor crítico será el derecho. En el caso de que las hélices de un lado del avión tengan una dirección de giro contrario al del otro, no se tendrá motor crítico.

El control alrededor del eje $z - z$ no tiene el mismo nivel de compromiso que el control alrededor del eje $y - y$ (control longitudinal) en lo que respecto a la ubicación del centro de masa, no obstante su correcta apreciación no debe ser descuidada pues el control direccional es sumamente importante para realizar algunas maniobras de vuelo en forma correcta y salvar condiciones operativas como las que se presentan por viento cruzado o falla de motor/es.

7.6. CALIDAD DEL EQUILIBRIO DIRECCIONAL CON MANDO LIBRE

La calidad del equilibrio direccional con mando libre se analiza en forma similar a lo realizado en el caso longitudinal; el ángulo que adopta el timón de dirección para la condición de mando libre corresponde a lo que se denomina ángulo de flotación $\left(\delta_{d\,flot}\right)$:

$$\delta_{d\,flot} = -\frac{C_{H\alpha}}{C_{H\delta}} \cdot \alpha_v = \frac{C_{H\alpha}}{C_{H\delta}} \cdot (\beta + \sigma) \qquad [7.6.1]$$

La contribución del empenaje vertical al coeficiente del momento de guiñada, se expresa de la siguiente manera:

$$Cn_v = -a_v \cdot \bar{V}_v \cdot \eta_v \cdot \alpha_{ef} \qquad [7.6.2]$$

El ángulo de ataque efectivo para mando libre es:

$$\alpha_v = -(\beta + \sigma - \tau_d \cdot \delta_{d\,flot}) = -\beta - \sigma + \tau_d \cdot \left[\frac{C_{H\alpha}}{C_{H\delta}} \cdot (\beta + \sigma)\right] \qquad [7.6.3]$$

por lo tanto se puede escribir la ecuación [7.6.2]:

$$Cn_v = a_v \cdot \bar{V}_v \cdot \eta_v \cdot \left[\beta + \sigma - \tau_d \cdot \frac{C_{H\alpha}}{C_{H\delta}} \cdot (\beta + \sigma) \right] \tag{7.6.4}$$

Derivando esta ecuación con respecto a β, se obtiene la contribución a la calidad del equilibrio del empenaje vertical con el mando libre:

$$Cn_{\beta \, v \, M.L.} = a_v \cdot \bar{V}_v \cdot \eta_v \cdot \left[1 + \frac{\partial \sigma}{\partial \beta} - \tau_d \cdot \frac{C_{H\alpha}}{C_{H\delta}} \cdot \left(1 + \frac{\partial \sigma}{\partial \beta} \right) \right] \tag{7.6.5}$$

Si se tiene en cuenta que la contribución del empenaje con mando fijo viene dada por, ecuación [7.3.10]:

$$Cn_{\beta \, v \, M.F.} = a_v \cdot \bar{V}_v \cdot \eta_v \cdot \left(1 + \frac{\partial \sigma}{\partial \beta} \right)$$

Podemos expresar el aporte del empenaje a la calidad del equilibrio direccional con mando libre como:

$$Cn_{\beta \, v \, M.L.} = Cn_{\beta \, v \, M.F.} \cdot \left(1 - \tau \cdot \frac{C_{H\alpha}}{C_{H\delta}} \right) \tag{7.6.6}$$

El único elemento del avión que ve afectada su contribución a la calidad del equilibrio, cuando se deja flotar el timón de dirección, es el empenaje vertical, por lo tanto se puede escribir que la calidad del equilibrio direccional con mandos libres para el avión es igual a:

$$Cn_{\beta \, M.L.} = Cn_{\beta \, M.F.} + Cn_{\beta \, v \, M.L.} - Cn_{\beta \, v \, M.F.}$$

reemplazando resulta:

$$Cn_{\beta \, M.L.} = Cn_{\beta \, M.F.} - a_v \cdot \bar{V}_v \cdot \eta_v \cdot \left(1 + \frac{\partial \sigma}{\partial \beta} \right) \cdot \tau_d \cdot \frac{C_{H\alpha}}{C_{H\delta}} \tag{7.6.7}$$

7.7. FUERZA EN EL MANDO DE DIRECCIÓN

El estudio de la fuerza de mando en el control direccional, Fig. 7.12, recibe el mismo tratamiento que el realizado en el caso del mando longitudinal y su valor dependerá de la relación de transmisión y del momento de charnela del timón de dirección, de acuerdo con las condiciones necesarias para efectuar la maniobra, es decir del ángulo de ataque efectivo en la deriva y de la deflexión del timón de dirección.

$$F_d = G \cdot M_H \tag{7.7.1}$$

donde:

G Relación de transmisión. [rad/m]

M_H Momento de charnela del timón de dirección.

El Avión. Calidad del Equilibrio, Control y Estabilidad Dinámica.

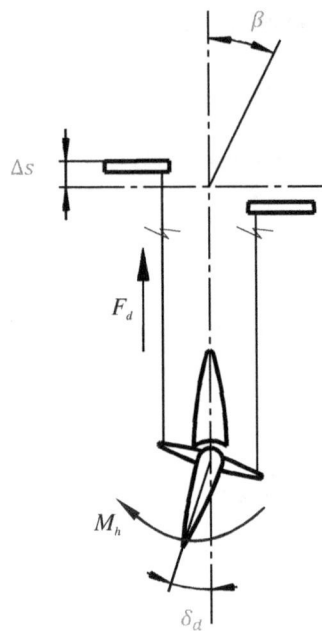

FIGURA 7.12. Fuerza en el control direccional

Desarrollando la ecuación [7.7.1] en términos de coeficientes, se tiene:

$$F_d = G \cdot \frac{1}{2} \cdot \rho \cdot V^2 \cdot \eta_v \cdot S_d \cdot C_d \cdot (C_{H\alpha} \cdot \alpha_v + C_{h\delta} \cdot \delta_d)$$
[7.7.2]

El ángulo de ataque efectivo de la deriva viene dado por:

$$\alpha_v = -(\beta + \sigma)$$
[7.7.3]

y para determinar la deflexión de timón necesaria para sostener un deslizamiento expresaremos Cn en función de la calidad del equilibrio direccional con mandos fijos y la potencia del timón de dirección:

$$Cn = Cn_\beta \cdot \beta + Cn_\delta \cdot \delta_d$$
[7.7.4]

En la condición de movimiento estacionario $Cn = 0$ y el δ_d requerido para lograr un deslizamiento β, es:

$$\delta_d = -\frac{Cn_\beta}{Cn_\delta} \cdot \beta$$
[7.7.5]

Reemplazando los términos de las ecuaciones [7.7.3] y [7.7.5] en la ecuación [7.7.2] resulta:

$$F_d = G \cdot \frac{1}{2} \cdot \rho \cdot V^2 \cdot \eta_v \cdot S_d \cdot C_d \cdot \left[-C_{H\alpha} \cdot (\beta + \sigma) - C_{H\delta} \cdot \frac{Cn_{\beta \, M.F.} \cdot \beta}{Cn_\delta} \right] \qquad [7.7.6]$$

En la Tabla 7.1 se muestran valores de norma, Ref. 10, para la fuerza máxima en el control direccional.

Norma DNAR	Pedal	
	Transitorio	Permanente
23.143	150 Lb	20 Lb
25.145	150 Lb	20 Lb

TABLA 7.1. Fuerza máxima en el mando direccional

Derivando la ecuación de la fuerza en el mando con respecto a β, ecuación [7.7.6], resulta:

$$\frac{\partial F_d}{\partial \beta} = G \cdot \frac{1}{2} \cdot \rho \cdot V^2 \cdot \eta_v \cdot S_d \cdot C_d \cdot \left[-C_{H\alpha} \cdot \left(1 + \frac{\partial \sigma}{\partial \beta} \right) - C_{H\delta} \cdot \frac{Cn_{\beta \, M.F.}}{Cn_\delta} \right] \qquad [7.7.7]$$

sacando factor común $C_{H\delta}/Cn_\delta$,

$$\frac{\partial F_d}{\partial \beta} = G \cdot \frac{1}{2} \cdot \rho \cdot V^2 \cdot \eta_v \cdot S_d \cdot C_d \cdot \frac{C_{H\delta}}{Cn_\delta} \cdot \left[-\frac{Cn_\delta \cdot C_{H\alpha} \cdot \left(1 + \frac{\partial \sigma}{\partial \beta} \right)}{C_{H\delta}} - Cn_{\beta \, M.F.} \right] \qquad [7.7.8]$$

Si se tiene en cuenta las ecuaciones [7.4.5] y [7.6.6], la derivada de la fuerza con respecto al deslizamiento se puede expresar como:

$$\frac{\partial F_d}{\partial \beta} = -G \cdot \frac{1}{2} \cdot \rho \cdot V^2 \cdot \eta_v \cdot S_d \cdot C_d \cdot \frac{C_{H\delta}}{Cn_\delta} \cdot Cn_{\beta \, M.L.} \qquad [7.7.9]$$

El gradiente de fuerza en el mando de control direccional con respecto al ángulo de deslizamiento da la fuerza que se aplica en el pedal por cada grado de deslizamiento y relaciona la fuerza de control con la calidad del equilibrio con mando libre.

El piloto siente la calidad del equilibrio direccional con mandos libres a través del gradiente de fuerza en los pedales con respecto al ángulo de deslizamiento $(\partial F_d/\partial \beta)$, si el avión tuviera una calidad del equilibrio negativa el sentido en el cual debe realizar la fuerza para sostener un deslizamiento sería contrario al habitual.

Para balancear el control, $C_{H\delta}$, se usan los mismos procedimientos que los utilizados en el control longitudinal.

El Avión. Calidad del Equilibrio, Control y Estabilidad Dinámica.

El desarrollo precedente es válido en la medida que se mantenga la linealidad de las acciones aerodinámicas, lo que significa que no se produzca desprendimiento de flujo. En la práctica esto deja de ser cierto a grandes valores del ángulo de ataque, situación que se presenta en el empenaje vertical a bajas velocidades de avance y elevados valores de viento lateral. Para deslizamientos superiores a los 10 grados, puede comenzar a desprenderse el flujo con lo cual pierde efectividad la superficie y aumenta la tendencia a flotar del timón ($C_{H\alpha}$)

En la Fig. 7.13 se ha graficado, para analizar el comportamiento del control direccional a grandes valores del ángulo de deslizamiento ($\beta > 10$ a $15°$), el ángulo de deflexión necesario (δ_d) para sostener un deslizamiento estacionario y el ángulo de flotación ($\delta_{d\,flot}$), ambos en función del ángulo de deslizamiento. Se puede ver que a pequeños valores de β, δ_d es mayor que $\delta_{d\,flot}$, luego esta situación se invierte. Si se tiene en cuenta que la fuerza en el mando es proporcional a $(\delta_d - \delta_{d\,flot})$, se advierte que también se invierte la fuerza de control.

$$F_d \sim (\delta_d - \delta_{d\,flot})$$

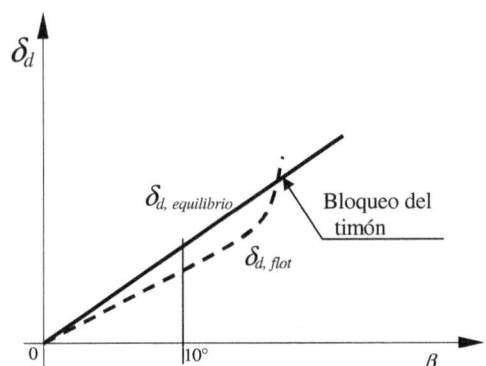

FIGURA 7.13.Bloqueo del timón de dirección

Al punto en el cual se produce el cruce de las curvas se lo denomina punto de bloqueo del timón de dirección ($\delta_d = \delta_{d\,flot}$), en esta condición la fuerza en los pedales es nula. Si el piloto desea aumentar el deslizamiento debe aumentar el δ_d, ello producirá un aumento del deslizamiento (β) y consecuentemente un $\delta_{d\,flot}$ mayor que el δ_d necesario para sostener el deslizamiento que el piloto deseaba.

En esta situación el momento de charnela del timón de dirección aumenta la deflexión de la superficie articulada, en el mismo sentido que el necesario para aumentar el deslizamiento. El timón flotará aumentando la deflexión del timón de dirección, pero a medida que se incrementa el ángulo de deslizamiento también aumenta el ángulo de flotación del timón de dirección ($\delta_{d\,flot}$), hasta alcanzar el valor máximo que pueda girar la superficie, vale decir el tope mecánico.

Para sacar el avión de esta condición de vuelo no deseada ($\beta\,grande$), el piloto deberá efectuar una fuerza considerablemente mayor en los pedales, en sentido contrario al realizado antes de que se produjese el bloqueo del timón.

Se tiene que evitar que el bloqueo del timón de dirección se produzca a bajos ángulos de deslizamiento o de producirse, que sea más allá del límite de deslizamiento previsto para el avión. Se recomiendan las siguientes acciones para aumentar el ángulo de deslizamiento en el cual se produce el bloqueo:

a. Aumentar la calidad del equilibrio direccional, lo que implica aumentar la pendiente de la recta que nos da el δ_d en función del ángulo de deslizamiento, ecuación [7.7.5], de esta manera se aumenta el ángulo de deslizamiento para el cual se presenta el bloqueo. Ello se puede realizar, por ejemplo, colocando una aleta ventral, la cual incrementará la calidad del equilibrio direccional con mando fijo.

   A grandes valores del ángulo de deslizamiento, la contribución negativa del fuselaje a la calidad del equilibrio es menor con lo que el Cn_β del avión será mayor.

b. Aumentar el rango de variación lineal del $\delta_{d\,flot}$, para lo cual es necesario sostener la constancia de $C_{H\alpha}$ a mayores ángulos de deslizamiento, es decir que hay que evitar que se desprenda el flujo en el timón (Fig. 7.14).

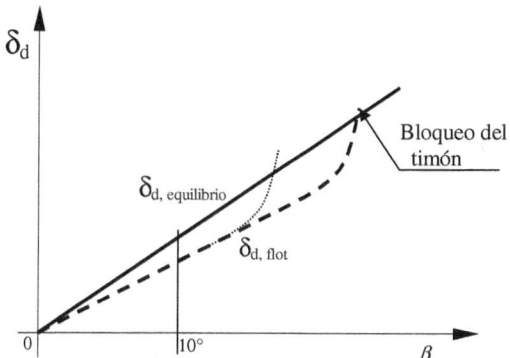

FIGURA 7.14. Efecto de la aleta dorsal en el bloqueo del timón

Para retrasar el aumento de $C_{H\alpha}$, en función del ángulo de deslizamiento, se puede colocar una aleta dorsal con lo cual disminuye el alargamiento efectivo del empenaje vertical o deriva y en consecuencia disminuirá la pendiente de sustentación, aumentando el ángulo de ataque en el cual comienza el desprendimiento de flujo.

Al retardar el desprendimiento de flujo, se mantiene constante el valor de $C_{H\alpha}$ a mayores valores de deslizamiento; aumentando el ángulo de deslizamiento para el cual se produce el bloqueo del mando.

CAPÍTULO 8

CALIDAD DEL EQUILIBRIO Y CONTROL LATERAL

8.1. CALIDAD DEL EQUILIBRIO LATERAL. EFECTO DIEDRO

Si se supone un movimiento con un solo grado de libertad, alrededor del eje $x - x$, vuelo recto horizontal estacionario, alas niveladas, y el vector velocidad alineado con el eje $x - x$, el momento de rolido será nulo ($\mathcal{L} = 0$), Fig. 8.1, en esa condición se tiene:

$$\sum F_{ext} = 0$$

$$\sum M_{ext} = 0$$

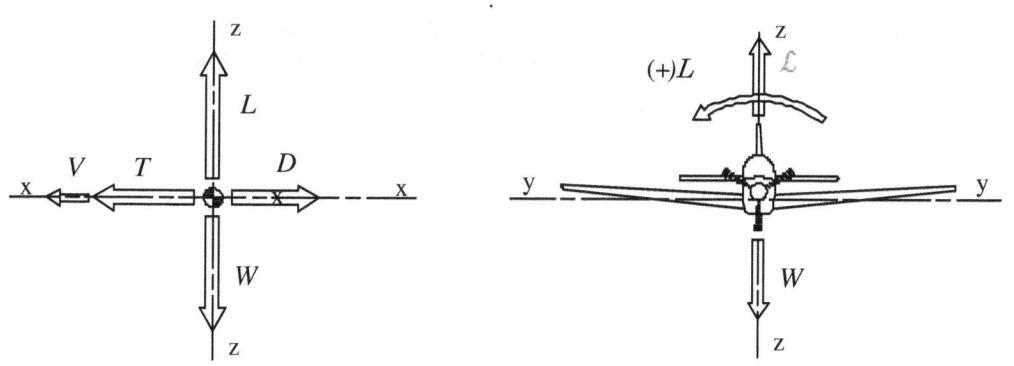

FIGURA 8.1. Fuerzas y momentos

Para determinar la calidad del equilibrio alrededor de $x - x$ se considera el momento de rolido, $\mathcal{L}$, en función del ángulo de inclinación lateral ϕ. Rotando el avión un ángulo ϕ no se modifica el campo de movimiento y permanece nulo el momento de rolido ($\mathcal{L} = 0$). Esta situación se repite para cualquier valor que adopte ϕ, en la medida que se mantenga el vector velocidad alineado con el eje $x - x$ ($\alpha = 0$), Fig. 8.2.

El concepto de calidad del equilibrio lateral, alrededor del eje $x - x$, se debería analizar mediante la variación del momento de rolido respecto al ángulo de inclinación lateral, que como se ve, bajo las hipótesis planteadas no varía para los distintos valores que puede

El Avión. Calidad del Equilibrio, Control y Estabilidad Dinámica.

adoptar ϕ, $(\mathcal{L} = 0)$, por lo tanto se concluye que no existe una calidad del equilibrio lateral similar a la que se vio cuando se trató el concepto de calidad del equilibrio longitudinal o direccional.

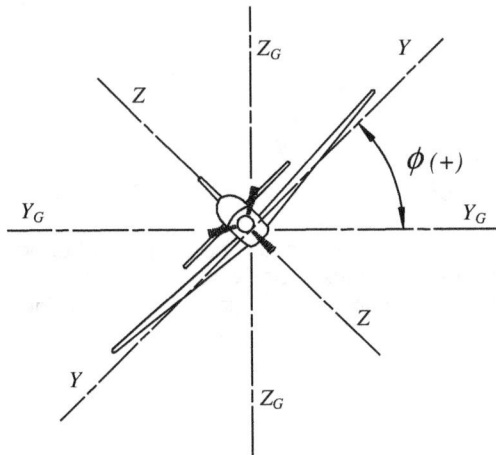

FIGURA 8.2. Avión inclinado

Si se levanta la restricción a desplazarse según los ejes: $z - z$ e $y - y$, móvil con tres grados de libertad, y si a partir de la condición inicial que incluye alas niveladas horizontalmente, se inclina el avión un ángulo ϕ, Fig. 8.3, surge una componente del peso en la dirección $y - y$. Esta componente, a medida que transcurre el tiempo, producirá un deslizamiento (β) al no estar balanceadas las fuerzas externas en esa dirección, $\left(\sum F_y \neq 0 \right)$.

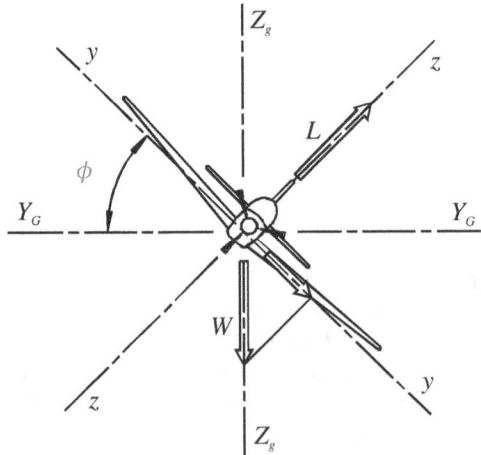

FIGURA 8.3. Esquema de fuerzas y momentos

Se dice que el avión tiene una calidad del equilibrio lateral aparente positiva cuando, en presencia de un deslizamiento, surge en la configuración un momento de rolido que tiende a levantar el ala que baja. No es una calidad del equilibrio como las estudiadas en el caso longitudinal o direccional, pero sí está indicando una tendencia a mantener las alas niveladas horizontalmente; a este efecto se lo denomina efecto diedro, y se lo caracteriza por la derivada del momento de rolido con respecto al deslizamiento $C\mathcal{L}_\beta$, si ella es negativa $\left(C\mathcal{L}_\beta < 0\right)$ se dice que el avión tiene una calidad del equilibrio lateral aparente positiva, de acuerdo con la convención de signos adoptada.

El valor de $C\mathcal{L}_\beta$ del avión, será la suma del aporte de cada una de los elementos que lo integran y de la interferencia que se produzca entre ellos.

$$C\mathcal{L}_\beta = C\mathcal{L}_{\beta w} + C\mathcal{L}_{\beta f} + C\mathcal{L}_{\beta t} + C\mathcal{L}_{\beta v} + C\mathcal{L}_{\beta w-f} \qquad [8.1.1]$$

8.1.1. Contribución del ala

- Diedro Geométrico

Se define como diedro geométrico del ala (Γ), al ángulo formado por el plano alar, generado por las cuerdas de cada sección, y un plano paralelo al plano $X_c - O_{c.g.} - Y_c$, el diedro es positivo cuando el ala levanta la puntera en la dirección de los Z negativo, Fig. 8.4.

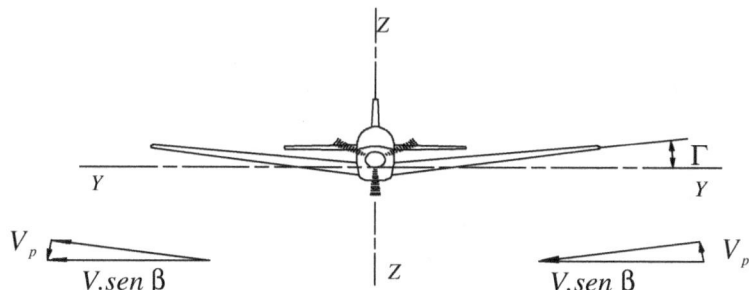

FIGURA 8.4. Diedro geométrico

La componente de la velocidad de vuelo en la dirección $y - y$ es:

$$V_y = V \cdot sen\beta \cong V \cdot \beta \qquad [8.1.2]$$

y la componente V_p, en dirección perpendicular al plano del ala:

$$V_p \cong V_y \cdot sen\Gamma \cong V \cdot \beta \cdot \Gamma \qquad [8.1.3]$$

La presencia de V_p produce una variación del ángulo de ataque:

$$\Delta\alpha = arctg\frac{V_p}{V} \cong \beta \cdot \Gamma \qquad [8.1.4]$$

El Avión. Calidad del Equilibrio, Control y Estabilidad Dinámica.

por lo tanto el diedro geométrico produce un cambio en el ángulo de ataque ($\Delta\alpha$) igual y constante a lo largo del sector del ala que tenga diedro, proporcional al deslizamiento y al diedro geométrico.

La variación de sustentación en cada semiala es de distinto signo, para ángulos de deslizamiento y diedros geométricos positivos, el $\Delta\alpha$ es mayor que cero para la semiala derecha y negativo para la izquierda. Para la semiala derecha se tiene:

$$\Delta C_L = a_w \cdot \Delta\alpha \sim a_w \cdot \beta \cdot \Gamma \qquad [8.1.5]$$

y se genera un momento de rolido total en el ala, el cual en términos del coeficiente es:

$$C\mathcal{L}_w = - \cdot 2 \cdot a_w \cdot \beta \cdot \Gamma \cdot \frac{l_y}{b} \qquad [8.1.6]$$

donde l_y es la distancia del punto de aplicación de la resultante aerodinámica, producto de la variación del ángulo de ataque, al plano de simetría del avión. Para obtener el efecto diedro del diedro geométrico del ala se deriva la ecuación [8.1.6] con respecto a β y se obtiene:

$$C\mathcal{L}_{\beta w} = - \cdot 2 \cdot a_w \cdot \Gamma \cdot \frac{l_y}{b} \qquad [8.1.7]$$

- Flecha

Como se vio en el Capítulo 7, punto 3, en un ala con flecha (Λ) y deslizamiento (β), la componente normal a la línea de 1/4 de la cuerda de la velocidad relativa, Fig. 8.5, será para la semiala derecha:

$$V_{n,d} = V \cdot cos(\Lambda - \beta)$$

y para la izquierda:

$$V_{n,i} = V \cdot cos(\Lambda + \beta)$$

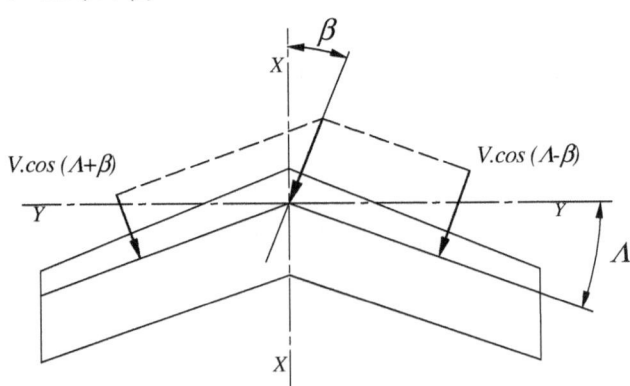

FIGURA 8.5. Componentes de la velocidad en alas con flecha

Bajo la hipótesis de que el coeficiente de sustentación (C_L) no es función del ángulo de deslizamiento (β) y respetando la convención de signos adoptada, la contribución del ala al efecto diedro se puede obtener de manera similar a lo realizado para Cn_β Capítulo 7, Punto 3, y resulta igual a:

$$C\mathcal{L}_{\beta w} = -2 \cdot C_L \cdot tg\Lambda \cdot Y_a/b$$

Para alas con flecha positiva la contribución de las mismas al efecto diedro es negativo, lo cual implica que contribuye positivamente a la denominada calidad del equilibrio lateral aparente.

8.1.2. Contribución del fuselaje

El aporte del fuselaje al efecto diedro es prácticamente nulo para configuraciones convencionales, no así la que se produce como consecuencia de la interferencia ala-fuselaje.

La presencia de una componente lateral, $V \cdot sen\beta$, de la velocidad de avance produce un aumento de la presión en la zona del fuselaje que ve el flujo y una disminución de presión en la parte opuesta, Fig. 8.6.

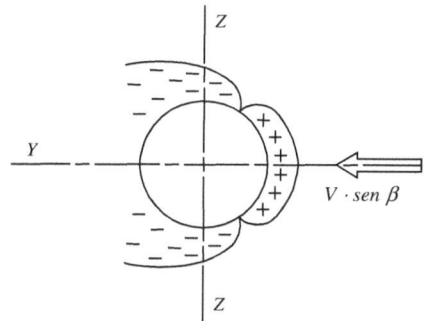

FIGURA 8.6. Distribución de presión en el fuselaje

La variación de presión, que surge como consecuencia del deslizamiento, induce un flujo local en el ala en la cercanía del fuselaje, modificando el ángulo de ataque efectivo y por lo tanto una variación local de la sustentación.

Por la posición del ala en el fuselaje tenemos aproximadamente la siguiente contribución por interferencia al efecto diedro, Ref.8:

a. Ala alta: $C\mathcal{L}_{\beta w-f} < 0$, calidad del equilibrio positiva, equivale a un diedro geométrico positivo ($\Gamma > 0$) de aproximadamente 2º, Fig. 8.7.

b. Ala media: $C\mathcal{L}_{\beta w-f} = 0$, calidad del equilibrio nula, ($\Gamma = 0$).

c. Ala baja: $C\mathcal{L}_{\beta w-f} > 0$, calidad del equilibrio negativa, equivale a un diedro geométrico negativo ($\Gamma < 0$), aproximadamente -2º, Fig. 8.7.

El Avión. Calidad del Equilibrio, Control y Estabilidad Dinámica.

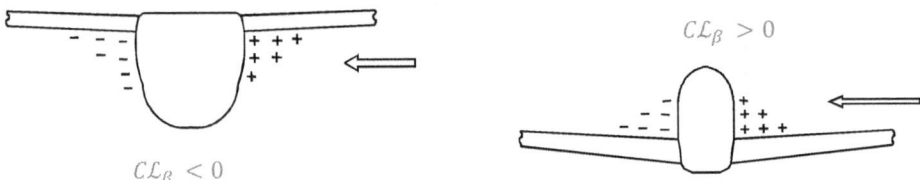

FIGURA 8.7. Interferencia ala-fuselaje

8.1.3. Contribución del empenaje horizontal

Es semejante al del ala, pero dada las dimensiones del empenaje horizontal son sensiblemente menores y generalmente no se lo tiene en cuenta.

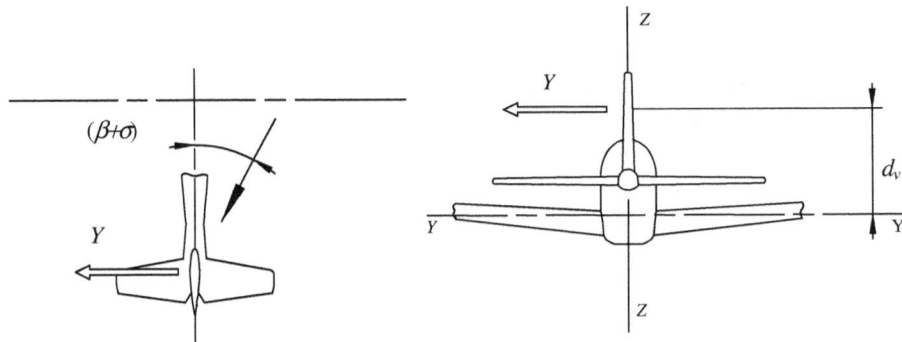

FIGURA 8.8. Contribución del empenaje vertical

8.1.4. Contribución del empenaje vertical

Recordando las características del flujo local en el empenaje vertical en presencia de un deslizamiento, Capítulo 7, Fig. 8.8, el coeficiente de fuerza lateral será:

$$C_Y = -a_v \cdot \frac{S_v}{S} \cdot \eta_v \cdot \left(1 + \frac{\partial \sigma}{\partial \beta}\right) \cdot \beta \qquad [8.1.8]$$

y la derivada del coeficiente del momento de rolido con respecto al deslizamiento producido por esta fuerza lateral resultará:

$$C\mathcal{L}_{\beta_v} = -a_v \cdot \frac{S_v}{S} \cdot \eta_v \cdot \frac{d_v}{b} \cdot \left(1 + \frac{\partial \sigma}{\partial \beta}\right) \qquad [8.1.9]$$

donde d_v es la distancia del centro aerodinámico del empenaje vertical al eje $x - x$.

8.1.5. Efectos de flap y potencia en $C\mathcal{L}_\beta$

Cuando se saca flap y por estar estos generalmente muy cerca del fuselaje, es decir en la sombra aerodinámica del mismo, cuando hay un deslizamiento se produce una disminución de sus efectos, generando un momento de rolido como consecuencia de la asimetría en el campo de movimiento sobre las dos semialas, Fig. 8.9.

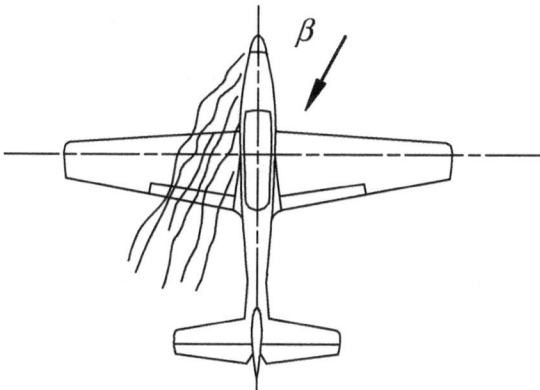

FIGURA 8.9. Efecto de los flaps

Algo semejante se produce con el efecto de potencia, en presencia de un deslizamiento, el chorro de la hélice tiende a orientarse en la dirección de la velocidad relativa, lo cual se traducirá en una conformación asimétrica del campo de movimiento, generándose momentos de rolido, que variarán con el ángulo de deslizamiento, Fig. 8.10.

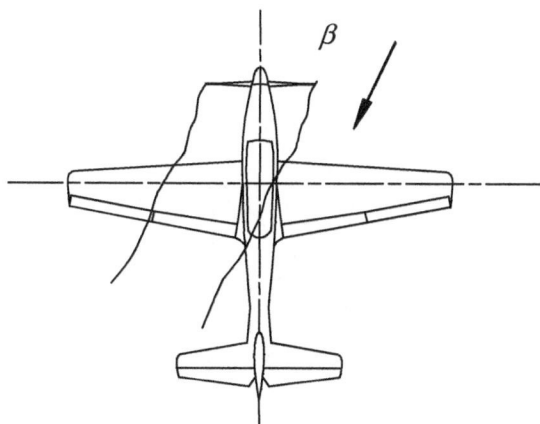

FIGURA 8.10. Efecto de la hélice

La determinación de los efectos de potencia y de los flaps usualmente se efectúa experimentalmente.

El Avión. Calidad del Equilibrio, Control y Estabilidad Dinámica.

8.1.6. Efecto diedro del avión

El efecto diedro del avión, considerando los elementos que más aportan al mismo será:

$$C\mathcal{L}_\beta = C\mathcal{L}_{\beta_w} + C\mathcal{L}_{\beta_v} + C\mathcal{L}_{\beta_{w-f}}$$

[8.1.10]

8.2. CONTROL LATERAL. POTENCIA DEL CONTROL LATERAL

El control alrededor del eje $x - x$ se realiza mediante los alerones, superficies articuladas ubicadas en los extremos de las alas, Fig. 8.11. Cuando se deflectan modifican la distribución de sustentación generando un momento de rolido que es proporcional a la deflexión de los alerones (δ_a); este momento se expresa de la siguiente forma:

$$\mathcal{L}_{alerones} = C\mathcal{L}_\delta \cdot q \cdot S \cdot b \cdot \delta_a$$

[8.2.1]

donde $C\mathcal{L}_\delta$ es el coeficiente del momento de rolido por unidad de deflexión del alerón: se lo conoce como potencia del control lateral y tiene el mismo significado que la potencia de los controles longitudinal y direccional.

El control lateral se diferencia de los controles longitudinal y direccional pues genera una velocidad angular, P, mientras que los otros controlan ángulos, α y β. La ecuación que representa el movimiento alrededor del eje $x - x$ es:

$$\sum \mathcal{L} = I_{xx} \cdot \ddot{\phi} = I_{xx} \cdot \dot{P}$$

[8.2.2]

En la cual, los momentos que actúan son producidos por acciones aerodinámicas ya que el peso no introduce momentos alrededor del centro de masas.

$$\delta_a = \delta_u - \delta_d$$

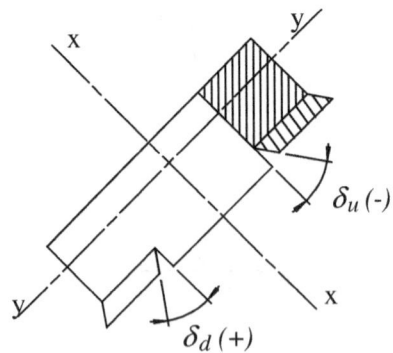

FIGURA 8.11. Alerones

En presencia de una velocidad de rolido se produce en cada sección del ala un cambio en la dirección del viento relativo:

$$\Delta\alpha = \frac{P \cdot y}{V}$$

[8.2.3]

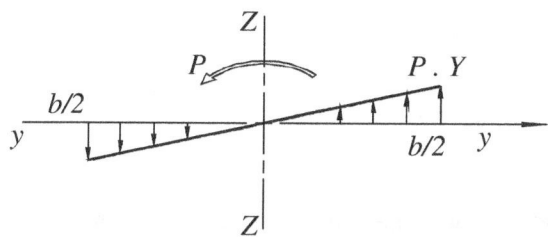

FIGURA 8.12. Rolido

La variación del ángulo de ataque es de signo positivo $(\Delta\alpha > 0)$ para el ala que baja y de signo negativo para la que sube $(\Delta\alpha < 0)$, Fig. 8.12, ello produce un cambio asimétrico en la sustentación del ala y por consiguiente un momento de rolido que se opone al movimiento que lo genera, a este momento se lo denomina momento de amortiguamiento de rolido.

$$\mathcal{L}_{rolido} = C\mathcal{L}_{\hat{p}} \cdot q \cdot S \cdot b \cdot \left(\frac{P \cdot b}{2 \cdot V}\right)$$

[8.2.4]

donde $C\mathcal{L}_{\hat{p}}$ es el coeficiente del momento de amortiguamiento en rolido, que se obtiene derivando el coeficiente del momento de rolido respecto a la velocidad de rolido adimensional:

$$\hat{P} = \frac{P \cdot b}{2 \cdot V}$$

[8.2.5]

El momento de rolido del avión $(\mathcal{L})$, si se desprecia la variación del ángulo de ataque que se produce en las otras superficies sustentadoras del avión (empenaje horizontal y empenaje vertical), como consecuencia de la velocidad de rolido, será la suma del producido por los alerones y el rolido. Consecuentemente la expresión de la ecuación de movimiento alrededor del eje $x - x$ resulta:

$$\mathcal{L}_{alerones} + \mathcal{L}_{rolido} = I_{xx} \cdot \dot{P}$$

[8.2.6]

Para la condición de rolido estacionario:

$$\dot{P} = 0$$

Por lo tanto:

$$\mathcal{L}_{alerones} = -\mathcal{L}_{rolido}$$

El Avión. Calidad del Equilibrio, Control y Estabilidad Dinámica.

y en términos de coeficientes:

$$CL_\delta \cdot q \cdot S \cdot b \cdot \delta_a = -CL_{\hat{p}} \cdot q \cdot S \cdot b \cdot \left(\frac{P \cdot b}{2 \cdot V}\right) \qquad [8.2.7]$$

Simplificando y despejando, se obtiene:

$$\left(\frac{P \cdot b}{2 \cdot V}\right) = -\frac{CL_\delta}{CL_{\hat{p}}} \cdot \delta_a \qquad [8.2.8]$$

El término:

$$\left(\frac{P \cdot b}{2 \cdot V}\right) = \hat{P}$$

representa la helicoide, que describe la puntera del ala en el rolido estacionario.

La evaluación de CL_δ y $CL_{\hat{p}}$ se puede realizar analíticamente utilizando los métodos expuestos en Refs. 5, 7, y 9 o mediante ensayos en túneles de viento.

Los momentos de rolido que se generan por: diedro del ala, deflexión de alerones y velocidad de rolido, tienen en común que la causa que los produce es la variación del ángulo de ataque, la cual abarca la zona del ala con diedro o con alerones y toda el ala por la velocidad de rolido, a saber:

Por diedro: $\Delta\alpha = \beta \cdot \Gamma$

Por alerón: $\Delta\alpha = \tau \cdot \delta$

Por rolido: $\Delta\alpha_y = \dfrac{P \cdot y}{V}$

Una solución aproximada de la respuesta del avión a la actuación del control lateral, con un solo grado de libertad alrededor del eje $x - x$ y suponiendo una función para la deflexión de alerones, se obtiene resolviendo numéricamente, ecuación [8.2.6]:

$$\mathcal{L}_\delta \cdot \delta_a + \mathcal{L}_{\hat{p}} \cdot \hat{P} = I_x \cdot \frac{dP}{dt} \qquad [8.2.9]$$

$$dP = \left(\mathcal{L}_\delta \cdot \delta_a + \mathcal{L}_{\hat{p}} \cdot \hat{P}\right) \cdot \frac{dt}{I_x} \qquad [8.2.10]$$

$$P = \frac{1}{I_x} \cdot \int_0^t \left(\mathcal{L}_\delta \cdot \delta_a + \mathcal{L}_{\hat{p}} \cdot \hat{P}\right) \cdot dt \qquad [8.2.11]$$

En la Fig. 8.13 se puede ver como varía la velocidad de rolido en función del tiempo, para una función escalón de δ.

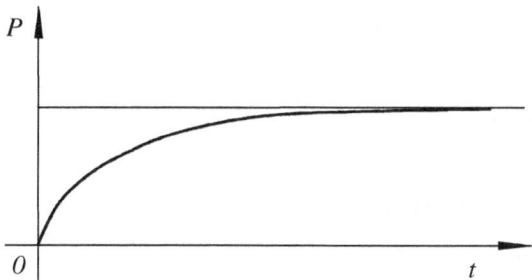

FIGURA 8.13. Velocidad de rolido en función del tiempo

Los parámetros que condicionan el diseño del control lateral, en lo que respecta a condiciones de vuelo son:

- La máxima velocidad de rolido.
- Inclinación lateral en vuelo con motor detenido.
- Inclinación lateral para compensar el viento cruzado en el aterrizaje.
- Respuesta del avión al mando lateral

y los problemas que se pueden presentar están relacionados con:

- Magnitud de la fuerza de control necesaria para el mando.
- Momento de guiñada adverso, producto de la deflexión de los alerones.
- Momento de guiñada adverso, producto de la velocidad de rolido, Fig. 8.14.

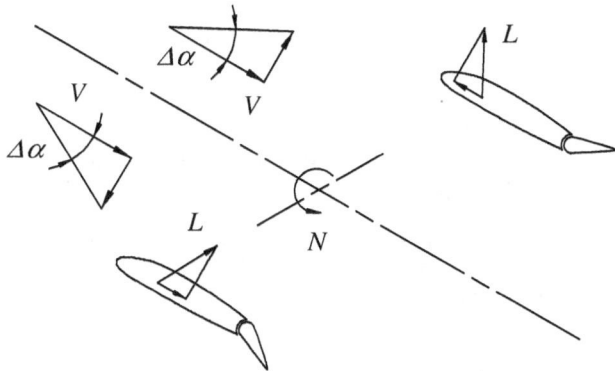

FIGURA 8.14. Momento de guiñada por rolido

A continuación se presenta en forma esquemática los requisitos de algunas normas, en lo que respecta a la capacidad de control lateral:

- Normas DNAR [Ref. 10], punto 23.157:
  1) Pasar de: $\phi = 30^\circ \rightarrow \phi = 60^\circ$ en 5 segundos.
- Normas DNAR [Ref. 10], punto 25.147:
  1) $\phi \pm 20^\circ$, con un motor inoperativo.
  2) 20° de inclinación lateral en giro.
- Norma MIL 8785-C: [Ref. 12] Rolar:
  1) 90° en 1 segundo.
  2) 360° en 2,8 segundos.

8.2.1. Momento adverso de guiñada

La velocidad de rolido, producida por la deflexión de alerones, origina una variación del ángulo de ataque de diferente signo en cada semiala; lo cual genera diferentes magnitudes de sustentación en cada una de ellas y por ende de resistencia. Esto último ocasiona un momento de guiñada adverso al rolido de la maniobra, adverso porque si el piloto rola hacia la derecha, la guiñada que surge como consecuencia de la velocidad de rolido trata de girar el morro a la izquierda, Fig. 8.14.

Las soluciones más utilizadas que se dispone para resolver este problema son:

- Alerones de deflexión diferencial, $(|\delta_u| > |\delta_d|)$, el alerón que sube rota más que el alerón que baja.
- Alerones Frise.
- Spoilers.

8.2.2. Alerones Frise

Por su geometría, Fig. 8.15, los alerones Frise no sólo disminuyen el momento de guiñada adverso que se produce cuando se utilizan alerones, sino que también contribuyen a disminuir la fuerza en el mando lateral debido al comportamiento del $C_{H\delta}$.

El alerón Frise, para deflexiones negativas, expone su nariz al flujo de aire libre incrementando su resistencia al avance mientras disminuye la sustentación y por lo tanto su aporte a la resistencia inducida

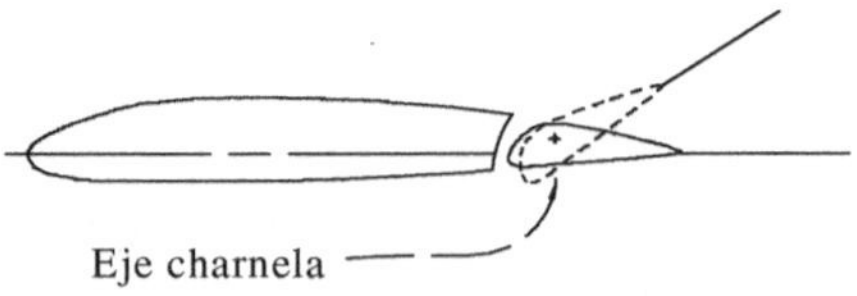

Eje charnela

FIGURA 8.15. Alerón Frise

8.2.3. Spoilers o separadores de flujo

Disminuyen la sustentación y aumentan la resistencia al romper el flujo en la zona del ala donde están ubicados. Se los usan a baja velocidad y a altos δ_a para aumentar la eficiencia del control, Fig. 8.16. Tienen la ventaja de que el momento adverso de guiñada que producen es pequeño.

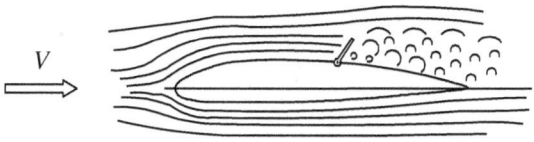

FIGURA 8.16. Spoilers

8.3. REVERSIBILIDAD DE ALERONES

Cuando se considera un ala no-rígida se debe tener en cuenta las deformaciones elásticas que tiene bajo carga, lo cual modifica su orientación respecto a la velocidad relativa y por ende varían las acciones aerodinámicas.

El cambio de sustentación que producen los alerones es:

$$\Delta L = a \cdot q \cdot S \cdot \Delta \alpha \qquad\qquad [8.3.1]$$

donde:

$$\Delta \alpha = \tau \cdot \delta$$

Asimismo la deflexión de alerones modifica el momento libre de la sección, como consecuencia del cambio de la combadura, Fig. 8.17 y es igual a:

$$\Delta M_0 = C_{m_0 \delta} \cdot q \cdot S \cdot C \cdot \delta \qquad\qquad [8.3.2]$$

donde $C_{m_0 \delta}$ es la variación del coeficiente del momento libre respecto a δ.

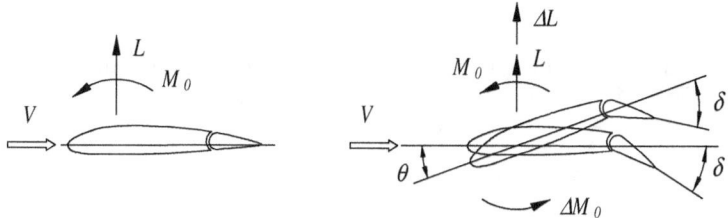

FIGURA 8.17. Reversibilidad de alerones

El momento torsor resistente del ala se puede expresar como:

El Avión. Calidad del Equilibrio, Control y Estabilidad Dinámica.

$$M_t = K_t \cdot \theta \qquad [8.3.3]$$

donde K_t es la rigidez torsional del ala y θ la rotación de la superficie.

Cuando la variación de θ, producida por ΔM_0 alcance el mismo valor, pero de signo contrario que la variación del ángulo de ataque ($\Delta \alpha_a$), generada por la deflexión de alerones, se anula el incremento de sustentación que se desea provocar con el mando y en esa situación el control lateral deja de ser efectivo.

$$|\Delta \alpha_a| = |\theta| \equiv |\tau \cdot \delta| \rightarrow \Delta L = 0 \therefore \Delta \mathcal{L} = 0 \qquad [8.3.4]$$

Se puede escribir:

$$\Delta M_0 = M_t$$

y en términos de coeficientes:

$$C_{m_{0\delta}} \cdot q \cdot S \cdot C \cdot \delta = K_t \cdot \theta \qquad [8.3.5]$$

Despejando:

$$\theta = \frac{q \cdot S \cdot C \cdot \left(C_{m_{0\delta}} \cdot \delta \right)}{K_t} \qquad [8.3.6]$$

Para una determinada deflexión de alerones, θ aumentará en la medida que lo haga la presión dinámica de vuelo y cuando su valor sea igual a $-(\tau \cdot \delta)$, se anulará el efecto de los alerones. La presión dinámica que corresponde a esta condición se denomina q_{crit} y responde a la ecuación:

$$q_{crit} = -\frac{K_t \cdot \tau}{C_{m_{0\delta}} \cdot S \cdot C} \qquad [8.3.7]$$

Cuando la presión dinámica de vuelo es superior a la presión dinámica crítica se produce una inversión del control lateral y el avión rolara en sentido contrario.

8.4. FUERZA EN EL MANDO LATERAL. GRADIENTES

Se adopta como convención de signos: rolido, bastón y fuerza de mando a la derecha como positivos, Fig. 8.18 y si se considera movimientos lentos, cuasi-estacionarios, la ecuación del trabajo para el mando lateral es:

$$F \cdot \frac{\Delta s}{2} + M_{H_d} \cdot \frac{\delta_d}{2} - M_{H_u} \cdot \frac{\delta_u}{2} = 0 \qquad [8.4.1]$$

Despejando F se obtiene:

$$F = M_{H_u} \cdot \frac{\delta_u}{\Delta s} - M_{H_d} \cdot \frac{\delta_d}{\Delta s}$$ [8.4.2]

Denominando C_a y S_a a la cuerda y superficie del alerón por atrás del eje de charnela, respectivamente, e introduciendo el coeficiente del momento de charnela en la ecuación [8.4.2], la fuerza de control en será:

$$F = q \cdot S_a \cdot C_a \cdot \left(C_{H_u} \cdot \frac{d\delta_u}{ds} - C_{H_d} \cdot \frac{d\delta_d}{ds} \right)$$ [8.4.3]

Si se supone que la deflexión de los alerones derecho e izquierdo son iguales pero de signo contrario, resulta:

$$\left| \frac{d\delta_u}{ds} \right| = \left| \frac{d\delta_d}{ds} \right| = G$$ [8.4.4]

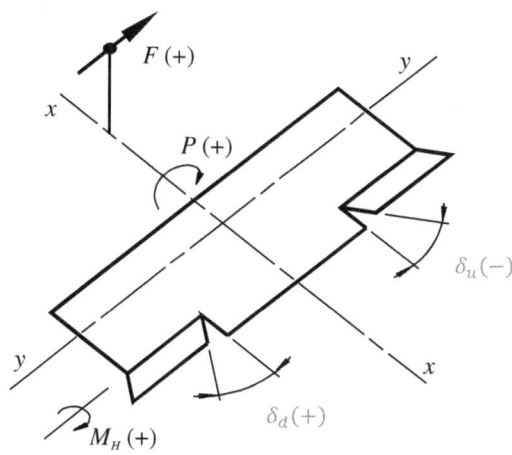

FIGURA 8.18. Control lateral

La relación de transmisión se designa con G y operando en la ecuación [8.4.3], la fuerza en el mando es igual a:

$$F = q \cdot S_a \cdot C_a \cdot G \cdot \left(C_{H_u} - C_{H_d} \right)$$ [8.4.5]

Donde:

$$C_H = C_{H_0} + C_{H_\alpha} \cdot \alpha + C_{H_\delta} \cdot \delta$$ [8.4.6]

En la ecuación [8.4.6] el valor de α corresponde al del C_L necesario para el vuelo recto horizontal estacionario, más el valor de $\Delta\alpha$ producido por la velocidad de rolido. Si se denomina Y' a la distancia del centro del área del ala, correspondiente a la envergadura del alerón, al plano de simetría, se tiene:

El Avión. Calidad del Equilibrio, Control y Estabilidad Dinámica.

$$\Delta\alpha = \frac{P \cdot Y'}{V} \tag{8.4.7}$$

Se considera que la deflexión de los alerones δ_a es la suma de la deflexión de los dos alerones:

$$\delta_a = \delta_u - \delta_d \tag{8.4.8}$$

y para un control lateral con desplazamientos simétricos:

$$|\delta_d| = |\delta_u| = \left|\frac{\delta_a}{2}\right| \tag{8.4.9}$$

Se puede escribir entonces:

$$C_{H_u} - C_{H_d} = C_{H_0} + C_{H_\alpha} \cdot \alpha_u + C_{H_\delta} \cdot \delta_u - C_{H_0} - C_{H_\alpha} \cdot \alpha_d - C_{H_\delta} \cdot \delta_d \tag{8.4.10}$$

Si se tiene en cuenta la variación del ángulo de ataque producida por el rolido y la ecuación [8.4.8], el coeficiente del momento de charnela es igual a:

$$C_H = C_{H_u} - C_{H_d} = C_{H_\alpha} \cdot 2 \cdot \Delta\alpha + C_{H_\delta} \cdot \delta_a \tag{8.4.11}$$

En rolido estacionario, se tiene:

$$C\mathcal{L}_\delta \cdot \delta_a + C\mathcal{L}_{\hat{p}} \cdot \hat{P} = 0 \qquad \therefore \qquad \hat{P} = \frac{P \cdot b}{2 \cdot V} = -\frac{C\mathcal{L}_\delta}{C\mathcal{L}_{\hat{p}}} \cdot \delta_a \tag{8.4.12}$$

y

$$P = -\frac{C\mathcal{L}_\delta}{C\mathcal{L}_{\hat{p}}} \cdot \frac{2 \cdot V}{b} \cdot \delta_a \tag{8.4.13}$$

La ecuación [8.4.7], considerando la ecuación [8.4.13], resulta:

$$\Delta\alpha = -\frac{C\mathcal{L}_\delta}{C\mathcal{L}_{\hat{p}}} \cdot \frac{2 \cdot V}{b} \cdot \frac{Y'}{V} \cdot \delta_a \tag{8.4.14}$$

donde Y' es la distancia del centro geométrico de la zona del ala que contiene el alerón al plano $X - O_{c.g.} - Z$, reemplazando en la ecuación [8.4.11], se tiene:

$$C_H = -C_{H_\alpha} \cdot 2 \cdot \frac{C\mathcal{L}_\delta}{C\mathcal{L}_{\hat{p}}} \cdot \frac{2 \cdot Y'}{b} \cdot \delta_a + C_{H_\delta} \cdot \delta_a \tag{8.4.15}$$

Reagrupando y operando:

$$C_H = C_{H_\delta} \cdot \delta_a \cdot \left[1 - \frac{2 \cdot C_{H_\alpha}}{C_{H_\delta}} \cdot \frac{C\mathcal{L}_\delta}{C\mathcal{L}_{\hat{p}}} \cdot \frac{2 \cdot Y'}{b} \right] \qquad [8.4.16]$$

y si se denomina:

$$n = \frac{2 \cdot Y'}{b} \cdot \frac{C\mathcal{L}_\delta}{C\mathcal{L}_{\hat{p}}} \qquad [8.4.17]$$

Se obtiene la siguiente ecuación del coeficiente del momento de charnela:

$$C_H = C_{H_\delta} \cdot \delta_a \cdot \left[1 - 2 \cdot n \cdot \frac{C_{H_\alpha}}{C_{H_\delta}} \right] \qquad [8.4.18]$$

Por lo tanto la expresión de la fuerza, ecuación [8.4.5], teniendo en cuenta la ecuación [8.4.18], resulta:

$$F = G \cdot \frac{1}{2} \cdot \rho \cdot V^2 \cdot S_a \cdot C_a \cdot C_{H_\delta} \cdot \delta_a \cdot \left[1 - 2 \cdot n \cdot \frac{C_{H_\alpha}}{C_{H_\delta}} \right] \qquad [8.4.19]$$

Denominando:

$$R = \left[1 - 2 \cdot n \cdot \frac{C_{H_\alpha}}{C_{H_\delta}} \right] \qquad [8.4.20]$$

la ecuación [8.4.19], si se utiliza la expresión [8.4.20], se escribe:

$$F = G \cdot \frac{1}{2} \cdot \rho \cdot V^2 \cdot S_a \cdot C_a \cdot C_{H_\delta} \cdot \delta_a \cdot R \qquad [8.4.21]$$

Al parámetro R se lo denomina factor de respuesta del alerón y la fuerza en el mando lateral resulta proporcional a G, V^2, S_a, C_{H_δ}, δ_a, R e inversamente proporcional a la altura.

Los valores de los máximos valores de fuerza en el mando lateral para maniobras permanentes y transitorias, según las DNAR, se muestran en la Tabla 8.1.

Norma DNAR	Bastón		Volante	
	Transitorio	Permanente	Transitorio	Permanente
23.143	30 Lb	5 Lb	50 Lb	5 Lb
25.145			50 Lb	5 Lb

TABLA 8.1. Fuerza máxima en el mando lateral

El valor de δ_a que se puede lograr para una fuerza dada se obtiene de la ecuación [8.4.21]:

El Avión. Calidad del Equilibrio, Control y Estabilidad Dinámica.

$$\delta_a = \frac{F}{G \cdot S_a \cdot C_a \cdot \frac{\rho \cdot V^2}{2} \cdot C_{H_\delta} \cdot R} = -\frac{F}{K \cdot \frac{\rho \cdot V^2}{2} \cdot C_{H_\delta} \cdot R} \qquad [8.4.22]$$

donde:

$$K = G \cdot S_a \cdot C_a$$

La expresión [8.4.22] puede ser utilizada en la medida que no se supere el valor máximo de deflexión de los alerones. Si la deflexión total es negativa ($\delta_a < 0$), el rolido es a la derecha y la fuerza es positiva ($F > 0$); en general dada la simetría planteada el signo de la deflexión no es de interés, el valor que alcance la fuerza será igual en ambos sentidos. Para cada F existe un rolido estacionario que se puede lograr, reemplazando la ecuación [8.4.22] en la ecuación [8.4.13], se obtiene la velocidad de rolido estacionario en función de la fuerza de control:

$$P = -\frac{C\mathcal{L}_\delta}{C\mathcal{L}_{\hat{p}}} \cdot \frac{4}{b} \cdot \frac{F}{K \cdot \rho \cdot V \cdot C_{H_\delta} \cdot R} \qquad [8.4.23]$$

Despejando F de la ecuación [8.4.23], se obtiene la fuerza de control en función de la velocidad:

$$F = -\left[\frac{C\mathcal{L}_{\hat{p}} \cdot b \cdot K \cdot \rho \cdot V \cdot C\mathcal{L}_\delta}{4 \cdot C\mathcal{L}_\delta}\right] \cdot R \cdot P \qquad [8.4.24]$$

Expresión que permite calcular la fuerza necesaria en el control lateral para sostener un determinado valor de rolido estacionario, mientras no se supere el máximo valor de δ_a. Si se deriva la ecuación [8.4.24] con respecto a P, resulta:

$$\frac{\partial F}{\partial P} = -\frac{b}{4} \cdot \frac{C\mathcal{L}_{\hat{p}}}{C\mathcal{L}_\delta} \cdot \left(K \cdot \rho \cdot V \cdot C_{H_\delta} \cdot R\right) \qquad [8.4.25]$$

gradiente que nos permite cuantificar la sensibilidad del control lateral.

La ecuación [8.4.13] indica que para un valor de δ_a, la velocidad de rolido estacionaria, P, crece linealmente con la velocidad de vuelo, V, Fig. 8.19. A medida que aumenta la velocidad la fuerza en el mando crece hasta alcanzar un valor límite estipulado por norma y a partir de ese punto comienza a disminuir la deflexión de los alerones y consecuentemente la velocidad de rolido, ecuación [8.4.23].

$$P = -\frac{C\mathcal{L}_\delta}{C\mathcal{L}_{\hat{p}}} \cdot \frac{4}{b} \cdot \frac{F_{max}}{K \cdot \rho \cdot V \cdot C_{H_\delta} \cdot R} \qquad [8.4.26]$$

Expresión que señala que P, a altura constante, es inversamente proporcional a V, Fig. 8.19. Por limitaciones de la fuerza en el mando y a partir de una determinada velocidad, disminuye la velocidad de rolido que el avión puede desarrollar.

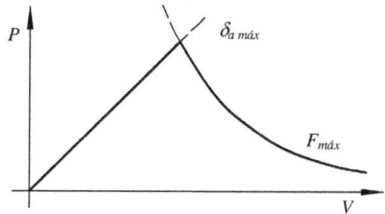

FIGURA 8.19. Velocidad de rolido en función de la velocidad para un ala rígida

En un avión con un ala no-rígida a medida que se incrementa la velocidad aumenta la carga aerodinámica de torsión, lo cual como se vio en el punto anterior disminuye la eficiencia de los alerones, consecuentemente la velocidad de rolido que logra a una determinada velocidad de avance será menor, Fig. 8.20. A partir de la velocidad en la cual se alcanza F_{max}, el valor de $q \cdot \delta_a$ permanece constante, ecuación [8.4.21], por lo tanto la deformación θ también permanecerá constante, ecuación [8.3.6].

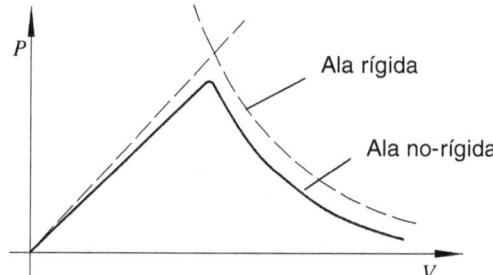

FIGURA 8.20. Velocidad de rolido en función de la velocidad para un ala no-rígida

La variación de la fuerza de control en función de la velocidad para un $\delta_a = cte.$ y $P \cdot b/2 \cdot V = cte.$ se presenta en la Fig. 8.21. El valor de F_{max} corresponde al valor dado por la norma correspondiente.

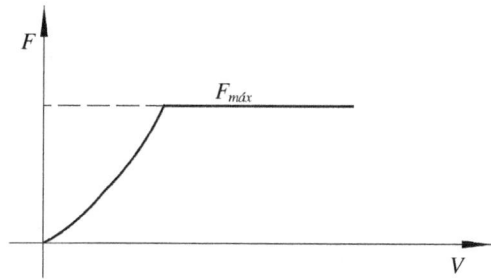

FIGURA 8.21. Fuerza en función de la velocidad

La velocidad de rolido adimensional, función de $(1/V^2)$ es:

El Avión. Calidad del Equilibrio, Control y Estabilidad Dinámica.

$$\frac{P \cdot b}{2 \cdot V} = -\frac{C\mathcal{L}_\delta}{C\mathcal{L}_{\hat{p}}} \cdot \frac{2 \cdot F_{max}}{K \cdot \rho \cdot V^2 \cdot C_{H_\delta} \cdot R}$$

[8.4.27]

y se muestra en Fig. 8.22, para $\delta_a = \delta_{max}$ y $F = F_{max}$, según corresponda y para un ala rígida.

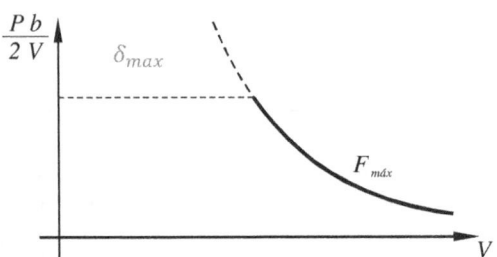

FIGURA 8.22. Velocidad de rolido adimensional en función de la velocidad

8.4.1. Características de flotabilidad. Autorrotación

Para rolar el avión hacia la derecha se debe subir el alerón de ese lado y bajar el de la semiala izquierda; como consecuencia de la rotación se produce un $\Delta\alpha$ negativo en la semiala izquierda. Si C_{H_α} es negativo tenderá a aumentar positivamente el ángulo de flotación del alerón de esa semiala, ello significa que la tendencia a flotar es en el mismo sentido que la deflexión necesaria para ejecutar la maniobra. En la semiala derecha sucede algo similar, con la salvedad que en ese caso $\Delta\alpha$ y δ son de signo contrario, Fig. 8.23.

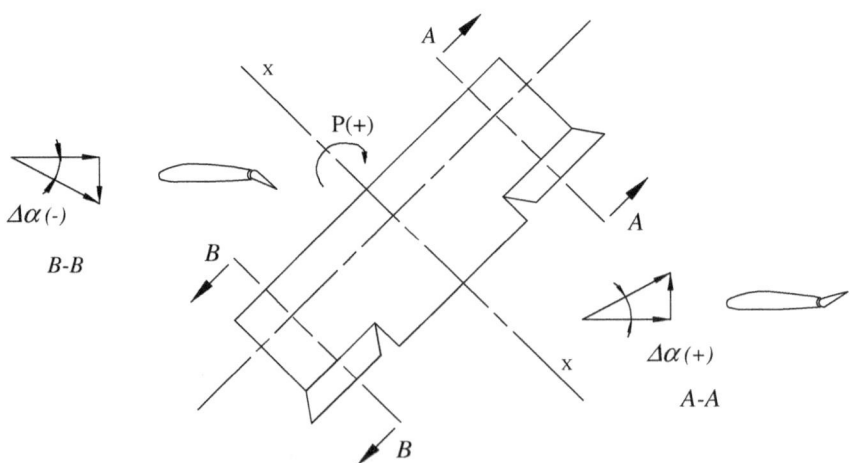

FIGURA 8.23. Características de flotación y autorrotación

Se sabe que:

$$F \sim \left(1 - 2 \cdot n \cdot \frac{C_{H_\alpha}}{C_{H_\delta}}\right)$$

[8.4.28]

y si la relación $C_{H_\alpha}/C_{H_\delta}$ es lo suficientemente grande la fuerza en el mando será nula y el resultado será una autorrotación, pues se realiza sin la intervención del piloto. Esta situación se presenta cuando el factor de respuesta (R) es nulo, circunstancia en la cual el ángulo de flotación de los alerones es igual al ángulo de deflexión de alerones requerido para ejecutar la maniobra.

8.4.2. Compensadores

Son de aplicación los conceptos vertidos en oportunidad de hablar del mando longitudinal.

8.4.3. Reglaje

Cuando los alerones se instalan de manera que la deflexión de los mismos sea nula, con el bastón centrado, se dice que su reglaje es nulo. Si ambos alerones se colocan con un reglaje negativo se descarga la fuerza del mando y para un reglaje positivo (δ_u y $\delta_d > 0$), aumenta la fuerza.

CAPÍTULO 9

ESTABILIDAD DINÁMICA LONGITUDINAL

9.1. INTRODUCCIÓN

Las características de control y calidad del equilibrio de los aeroplanos, discutidas en los capítulos anteriores, han incluido únicamente fenómenos en estado estacionario. Con el objeto de entender completamente el comportamiento y la calidad del vuelo de los vehículos más pesados que el aire es necesario estudiar las características dinámicas del avión y comprender los tipos de movimiento que caracterizan la respuesta del avión cuando se ve sometido a perturbaciones que lo sacan de la condición de equilibrio.

Los sistemas dinámicos tienen, cuando responden a una perturbación, cuatro modos diferentes de movimientos a partir de su condición inicial de equilibrio. La respuesta puede ser aperiódica (convergente o divergente) o periódica (amortiguado o no amortiguada). Siendo el avión un sistema dinámico complejo, se podrá mover simultáneamente con modos diferentes y es fundamental comprender y estudiar la naturaleza de estos movimientos para poder analizar las cualidades de vuelo de un avión.

La determinación de los modos característicos del movimiento de un aeroplano, se realiza solucionando analíticamente las ecuaciones de movimiento del avión, en un espacio de 3 dimensiones con seis grados de libertad, ecuaciones [1.3.13], [1.3.14], [1.4.1] y [1.4.2], con lo cual se obtienen soluciones que permiten caracterizar el comportamiento del avión cuando se produce una perturbación en la condición de vuelo estacionario.

El tratamiento matemático de la dinámica de aviones se basa en métodos introducidos hace ya muchos años por Bryant (1904) y Lanchaster (1908), Ref. 15. La teoría supone que los cambios en el movimiento de un avión, como respuesta a pequeñas perturbaciones y alrededor de una condición de equilibrio, corresponden a pequeñas alteraciones de las condiciones (estado) de vuelo estacionario y que los cambios en las fuerzas y momentos externos que actúan sobre el avión, generados por las pequeñas alteraciones del estado de movimiento estacionario, dependen de la variación de las velocidades V y Ω y de las características aerodinámicas y másicas del avión.

9.2. LINEALIZACIÓN DE LAS ECUACIONES DE MOVIMIENTO

Las ecuaciones generales de movimiento de un avión no permiten un estudio analítico simple del mismo debido a la naturaleza de las fuerzas que en el actúan y porque son ecuaciones diferenciales no-lineales.

Con el fin de obtener un sistema de ecuaciones diferenciales lineales y homogéneas, que permita un tratamiento analítico, se supondrá que el movimiento consiste en pequeñas perturbaciones o alteraciones de las condiciones de vuelo estacionario (teoría de las pequeñas perturbaciones) y se desarrollará un modelo lineal de las acciones externas, aerodinámicas y másicas. La linealización del sistema de ecuaciones posibilitará determinar analíticamente las características de la respuesta del avión en el espacio.

La utilización de la teoría de pequeñas perturbaciones ha demostrado que brinda buenos resultados en la práctica, predice con razonable precisión la estabilidad del vuelo no acelerado. Por supuesto hay limitaciones en la teoría, ella no puede usarse, por ejemplo, cerca de la pérdida o en la maniobra de tirabuzón.

La razón de la exactitud del método se debe a que la mayor parte de las acciones aerodinámicas son función lineal de las alteraciones o perturbaciones y para pequeñas variaciones de las velocidades angulares y lineales se pueden producir grandes alteraciones de las acciones aerodinámicas, lo cual introducirá cambios importantes en el vuelo del avión.

9.2.1. Teoría de las Pequeñas Perturbaciones

Denominando con el subíndice $_0$ el valor de los parámetros de estado del movimiento para la condición de vuelo estacionario inicial; se puede expresar cada variable como una variación o alteración de su valor en el estado estacionario, por ejemplo:

$$U = U_0 + u$$
$$P = P_0 + p$$
$$\theta = \theta_0 + \theta$$
$$\phi = \phi_0 + \phi + \qquad\qquad , \text{etc.}$$

y para los cambios en las fuerzas y momentos externos, se utilizará el prefijo Δ; por ejemplo:

$$Fx = Fx_0 + \Delta Fx, \quad \mathcal{L} = \mathcal{L}_0 + \Delta\mathcal{L}, \ldots, \text{etc.}$$

La teoría de las pequeñas perturbaciones supone que la magnitud de las alteraciones son lo suficientemente pequeñas de modo tal que sus cuadrados y productos puedan ser despreciados cuando se los compara con las magnitudes de primer orden.

El estudio del comportamiento dinámico del avión se hará a partir de una condición de vuelo simétrico estacionario, sin velocidad angular y el ala nivelada horizontalmente, lo cual significa que, en ejes cuerpo:

$$V_0 = P_0 = Q_0 = R_0 = \phi_0 = 0$$

Bajo la hipótesis de pequeñas perturbaciones y la existencia de un plano de simetría, las ecuaciones [1.3.13] y [1.3.14] del Capítulo 1, en ejes cuerpo, resultan:

$$Fx_0 + \Delta Fx = m \cdot (\dot{u} + W_0 \cdot q)$$
$$Fy_0 + \Delta Fy = m \cdot (\dot{v} + U_0 \cdot r - W_0 \cdot p) \qquad\qquad [9.2.1]$$
$$Fz_0 + \Delta Fz = m \cdot (\dot{w} - U_0 \cdot q)$$

y

$$\mathcal{L}_0 + \Delta\mathcal{L} = Ix \cdot \dot{p} + Ixz \cdot \dot{r}$$

$$M_0 + \Delta M = Iy \cdot \dot{q} \qquad\qquad [9.2.2]$$

$$N_0 + \Delta N = Iz \cdot \dot{r} - Ixz \cdot \dot{p}$$

En el marco de la teoría de pequeñas perturbaciones resulta práctico trabajar las componentes de momentos en el sistema de ejes cuerpo, ecuación [9.2.2] y las componentes de fuerza en la dirección $x - x$ e $z - z$, en el sistema de ejes aerodinámico y la componente de fuerza según $y - y$ y en el sistema de ejes cuerpo. Recordando que en el sistema de referencia aerodinámico, $U_0 \equiv V_0$ (velocidad de vuelo de referencia), las ecuaciones respectivas en la dirección $x - x$ y $z - z$, son, ecuación [1.4.5]:

$$Fx_0 + \Delta Fx = m \cdot \dot{v}$$

$$Fz_0 + \Delta Fz = m \cdot V_0 \cdot \left(\dot{\alpha} - \dot{\theta}\right) = -m \cdot V_0 \cdot \dot{\gamma} \qquad\qquad [9.2.3]$$

y la componente según $y - y$, suponiendo que la condición inicial del vuelo fuera estacionaria y horizontal o con un ángulo de la trayectoria (γ) muy pequeño, se puede escribir:

$$Fy_0 + \Delta Fy = m \cdot (\dot{v} + V_0 \cdot r) \qquad\qquad [9.2.4]$$

Las fuerzas y momentos externos que actúan sobre el avión son de diferente naturaleza: aerodinámicas, propulsivas y gravitacionales, se supondrá que no hay fuerzas y momentos aerodinámicos de los controles (Mando Fijo) y que las acciones propulsivas son nulas (vuelo sin potencia). Se consideraran sólo las fuerzas másicas y aerodinámicas, siendo determinadas las primeras por la orientación del avión respecto al campo gravitacional y las segundas por: la configuración geométrica del cuerpo, las velocidades lineales y angulares, la orientación del cuerpo respecto al vector velocidad $(\alpha$ y $\beta)$ y se supondrá que la variación de altura durante el movimiento es pequeña.

En la condición inicial del vuelo, horizontal y estacionario, se cumple que:

$$Fx_0 = Fy_0 = Fz_0 = \mathcal{L}_0 = M_0 = N_0 = 0 \qquad\qquad [9.2.5]$$

Teniendo en cuenta [9.2.5], las ecuaciones [9.2.3], [9.2.4] y [9.2.2] resultan:

$$\Delta Fx = m \cdot \dot{v}$$

$$\Delta Fy = m \cdot (\dot{v} + V_0 \cdot r) \qquad\qquad [9.2.6]$$

$$\Delta Fz = m \cdot V_0 \cdot \left(\dot{\alpha} - \dot{\theta}\right) = -m \cdot V_0 \cdot \dot{\gamma}$$

y

$$\Delta\mathcal{L} = Ix \cdot \dot{p} - Ixz \cdot \dot{r}$$

$$\Delta M = Iy \cdot \dot{q} \qquad\qquad [9.2.7]$$

$$\Delta N = Iz \cdot \dot{r} - Ixz \cdot \dot{p}$$

El Avión. Calidad del Equilibrio, Control y Estabilidad Dinámica.

Las ecuaciones [9.2.6] y [9.2.7] muestran que las alteraciones que se producen en el movimiento son función únicamente de las perturbaciones de las acciones externas o viceversa.

Para linealizar las ecuaciones de movimiento y con el objeto de simplificar la presentación y tratamiento de las acciones aerodinámicas se adoptó como sistema de referencia los ejes aerodinámicos para las componentes de la fuerza en las direcciones $x - x$ y $z - z$. Si bien estos ejes no permanecen fijos al cuerpo se supondrá, bajo la teoría de pequeñas perturbaciones, que los cambios que se producen en los momentos de inercia y centrífugos son muy chicos y pueden ser despreciados.

9.2.2. Linealización de las fuerzas másicas

Las componentes de las fuerzas másicas en el sistema de ejes aerodinámico, Fig. 9.1, a partir de la condición inicial, son las siguientes:

$$Fx_m = Fx_{m_0} + \Delta Fx_m = -m \cdot g \cdot sen(\gamma_0 + \gamma) \cdot cos(\phi_0 + \phi)$$

$$Fy_m = Fy_{m_0} + \Delta Fy_m = -m \cdot g \cdot cos(\gamma_0 + \gamma) \cdot sen(\phi_0 + \phi) \qquad [9.2.8]$$

$$Fz_m = Fz_{m_0} + \Delta Fz_m = m \cdot g \cdot cos(\gamma_0 + \gamma) \cdot cos(\phi_0 + \phi)$$

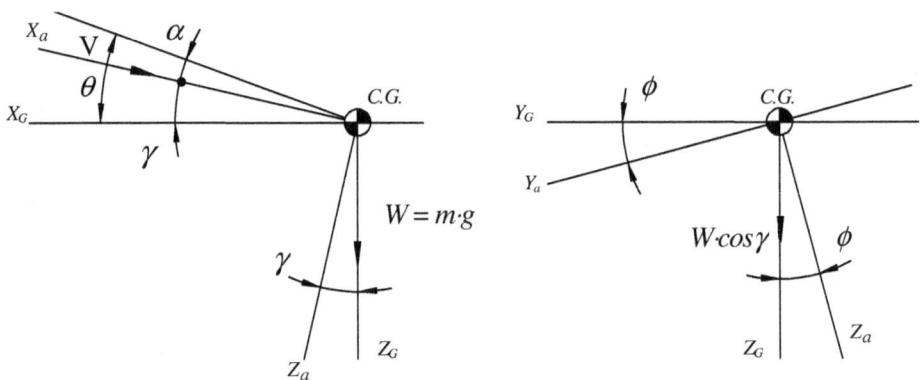

FIGURA 9.1. Fuerzas másicas.

Suponiendo pequeñas perturbaciones, alas niveladas para la condición inicial de referencia $(\phi_0 = 0)$ y haciendo uso de las siguientes relaciones trigonométricas:

$$sen(\alpha + \beta) = sen\alpha.cos\beta + cos\alpha.sen\beta$$

$$\qquad [9.2.9]$$

$$coss(\alpha + \beta) = cos\alpha.cos\beta + sen\alpha.sen\beta$$

se tiene:

$$sen(\gamma_0 + \gamma) = sen\gamma_0 \cdot cos\gamma + cos\gamma_0 \cdot sen\gamma \cong sen\gamma_0 + \gamma \cdot cos\gamma_0$$

$$sen(\phi_0 + \phi) \cong sen\phi_0 + \phi \cdot cos\phi_0 \cong \phi$$

y [9.2.10]

$$cos(\gamma_0 + \gamma) = cos\gamma_0 \cdot cos\gamma - sen\gamma_0 \cdot sen\gamma \cong cos\gamma_0 - \gamma \cdot sen\gamma_0$$

$$cos(\phi_0 + \phi) \cong cos\phi_0 - \phi \cdot sen\phi_0 \cong 1$$

Recordando que bajo las condiciones iniciales impuestas, Fx_{m_0}, Fy_{m_0} y Fz_{m_0} deben ser satisfechas, resulta:

$$\Delta Fx_m = -m \cdot g \cdot cos\gamma_0 \cdot \gamma$$

$$\Delta Fy_m = m \cdot g \cdot cos\gamma_0 \cdot \phi$$ [9.2.11]

$$\Delta Fz_m = -m \cdot g \cdot sen\gamma_0 \cdot \gamma$$

Si se adiciona la hipótesis de que la condición de vuelo inicial fuera horizontal o con γ_0 pequeño, las ecuaciones [9.2.11] serán:

$$\Delta Fx_m = -m \cdot g \cdot \gamma \qquad = -m \cdot g \cdot (\theta - \alpha)$$

$$\Delta Fy_m = m \cdot g \cdot \phi \qquad = m \cdot g \cdot \phi$$ [9.2.12]

$$\Delta Fz_m = 0 \qquad = 0$$

9.2.3. Linealización de las acciones aerodinámicas

Un problema importante de solucionar analíticamente en las ecuaciones de movimiento es la determinación de las fuerzas y momentos aerodinámicos que actúan en el avión en cada instante del vuelo. El valor de las acciones aerodinámicas, a partir de una condición inicial, se pueden expresar en función de las variables de estado del movimiento y de sus derivadas respecto del tiempo utilizando el desarrollo en serie de Taylor, Ref. 1. Por ejemplo la expresión de la acción aerodinámica en dirección $x - x$ es:

$$Fx_a = Fx_{a,0} + \Delta Fx_a = Fx_{a,0} + Fx_{au} \cdot u + Fx_{a\dot{u}} \cdot \dot{u} + Fx_{a\ddot{u}} \cdot \ddot{u} + \cdots$$

$$\cdots + Fx_{a\ddot{w}} \cdot \ddot{w} + Fx_{ap} \cdot p + Fx_{a\dot{p}} \cdot \dot{p} + Fx_{a\ddot{p}} \cdot \ddot{p} + \cdots,$$

la cual se linealiza suponiendo que las alteraciones son lo suficientemente pequeñas, es decir se aplica la teoría de las pequeñas perturbaciones y se desprecia los términos de segundo o mayor orden; bajo esa hipótesis la alteración aerodinámica resulta:

$$\Delta Fx_a = Fx_{au} \cdot u + Fx_{a\dot{u}} \cdot \dot{u} + \cdots + Fx_{a\dot{q}} \cdot \dot{q} + Fx_{ar} \cdot r + Fx_{a\dot{r}} \cdot \dot{r}$$ [9.2.13]

donde: $Fx_{au} = (\partial Fx_a / \partial u)_0$, indica la derivada parcial de Fx_a con respecto a u y así sucesivamente. Estas derivadas se denominan derivadas de estabilidad del avión y son una característica aerodinámica de la configuración, semejante a los coeficientes aerodinámicos y como tales responden a los mismos criterios de similitud dinámica; ellas deben ser evaluadas para la condición inicial $(t = 0)$.

Considerando las acciones aerodinámicas y másicas, las ecuaciones [9.2.6] y la [9.2.7], se pueden escribir:

$$\Delta Fx_a + \Delta Fx_m = m \cdot \dot{v}$$

$$\Delta Fy_a + \Delta Fy_m = m \cdot (\dot{v} + V_0 \cdot r) \qquad [9.2.14]$$

$$\Delta Fz_a + \Delta Fz_m = m \cdot V_0 \cdot (\dot{\alpha} - \dot{\theta}) = -m \cdot V_0 \cdot \dot{\gamma}$$

y

$$\Delta \mathcal{L} = Ix \cdot \dot{p} - Ixz \cdot \dot{r}$$

$$\Delta M = Iy \cdot \dot{q} \qquad [9.2.15]$$

$$\Delta N = Iz \cdot \dot{r} - Izx \cdot \dot{p}$$

9.2.4. Desacoplamiento aerodinámico

La existencia de un plano de simetría y la teoría de pequeñas perturbaciones permite afianzar la simplificación de admitir que las alteraciones de las variables de estado simétricas, (u, w, q) no modifican las acciones aerodinámicas asimétricas y las alteraciones asimétricas (v, p, r) no varían las acciones simétricas, es decir que ambos movimientos: longitudinal y transversal se encuentran desacoplados aerodinámicamente.

De acuerdo con las hipótesis adoptadas las derivadas de estabilidad, de las acciones aerodinámicas longitudinales con respecto a las variables de estado del movimiento asimétrico y las transversales con respecto a las simétricas, son nulas:

$$\frac{\partial C_L}{\partial \beta} = \frac{\partial C_m}{\partial \beta} = \cdots = \frac{\partial C_Y}{\partial \alpha} = \frac{\partial C_n}{\partial \alpha} = 0$$

El movimiento longitudinal o simétrico se realiza en el plano de simetría, es decir, en la dirección de los ejes $x - x$, $z - z$ y alrededor del eje $y - y$ y el movimiento transversal o asimétrico tiene lugar alrededor de los ejes $x - x$, $z - z$ y en la dirección del eje $y - y$.

Desacoplados los movimientos, la componente del momento aerodinámico de cabeceo, alrededor del eje $y - y$, es igual en ejes aerodinámicos y en ejes cuerpo. En síntesis las ecuaciones del movimiento longitudinal están referidas al sistema de ejes aerodinámico y las del movimiento transversal a un sistema fijo al cuerpo.

Reemplazando términos de las [9.2.12] en las ecuaciones [9.2.14] y agrupándolas por tipo de movimiento, resulta:

a) Simétrico o longitudinal:

$$\Delta Fx = \Delta Fx_a - m \cdot g \cdot (\theta - \alpha) = m \cdot \dot{v}$$

$$\Delta Fz = \qquad \Delta Fz_a \qquad = m \cdot V_0 \cdot (\dot{\alpha} - \dot{\theta}) \qquad [9.2.16]$$

$$\Delta M = \qquad \Delta M_a \qquad = Iy \cdot \ddot{\theta}$$

donde las variables de estado del movimiento, en razón de haber adoptado el sistema de referencia aerodinámico, son V, α, θ y sus derivadas con respecto al tiempo.

b) Asimétrico o transversal

La ecuación de fuerza según $y - y$ es:

$$\Delta Fy = \Delta Fy_a + m \cdot g \cdot \phi = m \cdot (\dot{v} + V_0 \cdot r)$$

pero teniendo en cuenta que:

$$v = V_0 \cdot sen\beta \equiv V_0 \cdot \beta \qquad , \qquad \dot{v} = V_0 \cdot \dot{\beta} \qquad y \qquad r = \frac{\partial \psi}{\partial t} = \dot{\psi}$$

resulta:

$$\Delta Fy = \Delta Fy_a + m \cdot g \cdot \phi = m \cdot V_0 \cdot (\dot{\beta} + \dot{\psi})$$

$$\Delta \mathcal{L} = \Delta \mathcal{L}_a = Ix \cdot \dot{p} - Ixz \cdot \dot{r} \qquad [9.2.17]$$

$$\Delta N = \Delta N_a = Iz \cdot \dot{r} - Ixz \cdot \dot{p}$$

en las cuales las variables de estado del movimiento son β, ψ, ϕ y sus derivadas con respecto al tiempo.

Los resultados teóricos que se obtienen utilizando los sistemas de ecuaciones [9.2.16] y [9.2.17] se corresponden bastante con los resultados empíricos obtenidos mediante ensayos en vuelo.

9.3. ECUACIONES DEL MOVIMIENTO SIMÉTRICO. ADIMENSIONALIZACIÓN

Las ecuaciones linealizadas obtenidas en el punto anterior se desarrollaron bajo las siguientes hipótesis:

- Cuerpo rígido (sin deformaciones elásticas)
- La existencia de un plano de simetría
- Mandos fijos
- La masa del avión permanece constante en el instante en que se analiza el movimiento.
- La tierra es supuesta fija (sistema de referencia inercial)
- La atmósfera terrestre estará en reposo respecto a la Tierra.

El Avión. Calidad del Equilibrio, Control y Estabilidad Dinámica.

- Vuelo planeado sin potencia.
- No se consideran masas rotantes.
- Condición inicial: vuelo recto estacionario y con las alas niveladas

y las ecuaciones del movimiento longitudinal en el sistema de referencia aerodinámico, son:

$$\Delta Fx_a + \Delta Fx_m = m \cdot \dot{v}$$

$$\Delta Fz_a + \Delta Fz_m = -m \cdot V_0 \cdot \left(\dot{\theta} - \dot{\alpha}\right) \qquad [9.3.1]$$

$$\Delta M_a \qquad\qquad = Iy \cdot \ddot{\theta}$$

en las cuales, las variables de estado del movimiento son: la alteración de la velocidad de avance, v; la alteración del ángulo de ataque, α, la alteración de la actitud del avión, θ y sus derivadas con respecto al tiempo.

La alteración o cambio de la fuerza aerodinámica en la dirección del eje $x - x$, a partir de una condición de equilibrio y bajo la hipótesis de pequeñas perturbaciones se puede escribir:

$$\Delta Fx_a = \frac{\partial Fx_a}{\partial V} \cdot v + \frac{\partial Fx_a}{\partial \alpha} \cdot \alpha + \frac{\partial Fx_a}{\partial \theta} \cdot \theta + \frac{\partial Fx_a}{\partial \dot{V}} \cdot \dot{v} + \frac{\partial Fx_a}{\partial \dot{\alpha}} \cdot \dot{\alpha} + \frac{\partial Fx_a}{\partial \dot{\theta}} \cdot \dot{\theta}$$

En ciertos casos las derivadas de estabilidad son nulas o muy pequeñas, dicho en otras palabras, un cambio en algunas de las variables del movimiento no alteran las acciones aerodinámicas. Como se verá más adelante, las únicas derivadas que tienen una magnitud significativa según la dirección $x - x$, son:

$$\frac{\partial Fx_a}{\partial V} \quad \text{y} \quad \frac{\partial Fx_a}{\partial \alpha}$$

por lo tanto la alteración de la acción aerodinámica resulta:

$$\Delta Fx_a = \frac{\partial Fx_a}{\partial V} \cdot v + \frac{\partial Fx_a}{\partial \alpha} \cdot \alpha$$

y la ecuación de movimiento en la dirección $x - x$, incluyendo la alteración de las acciones másicas linealizadas, será:

$$\frac{\partial Fx_a}{\partial V} \cdot v + \frac{\partial Fx_a}{\partial \alpha} \cdot \alpha - m \cdot g \cdot (\theta - \alpha) = m \cdot \dot{v} \qquad [9.3.2]$$

Teniendo en cuenta que $\gamma = \theta - \alpha$ se obtiene, de manera similar, la ecuación en el eje $z - z$:

$$\frac{\partial Fz_a}{\partial V} \cdot v + \frac{\partial Fz_a}{\partial \alpha} \cdot \alpha = -m \cdot V_0 \cdot \left(\dot{\theta} - \dot{\alpha}\right) \qquad [9.3.3]$$

La ecuación de movimiento para el grado de libertad en cabeceo, se obtiene teniendo en cuenta que las únicas variables que no afectan al momento de cabeceo del avión son el ángulo de cabeceo θ y la aceleración longitudinal del avión y resulta:

$$\frac{\partial M}{\partial V} \cdot v + \frac{\partial M}{\partial \alpha} \cdot \alpha + \frac{\partial M}{\partial \dot\alpha} \cdot \dot\alpha + \frac{\partial M}{\partial \dot\theta} \cdot \dot\theta = m \cdot k_y^2 \cdot \ddot\theta \qquad [9.3.4]$$

Donde k_y es el radio de giro del avión alrededor del eje $y - y$.

Con el objeto de resolver las ecuaciones [9.3.2], [9.3.3] y [9.3.4] en forma simultánea es necesario evaluar las derivadas parciales y considerarlas como constantes para facilitar la solución del sistema de ecuaciones.

La fuerza aerodinámica que actúa en la dirección del eje $x - x$, Fig. 9.2, es:

$$Fx_a = -C_D \cdot \frac{1}{2} \cdot \rho \cdot V^2 \cdot S \qquad [9.3.5]$$

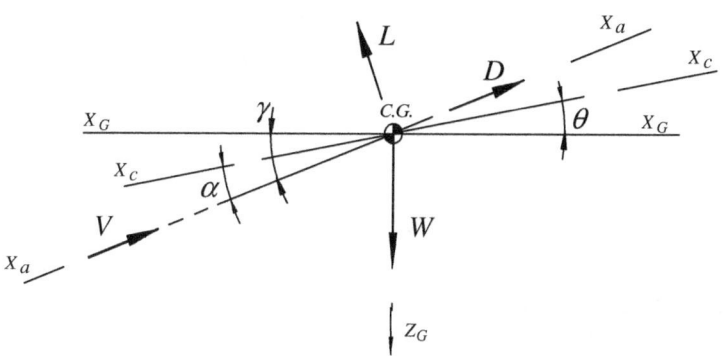

FIGURA 9.2. Acciones longitudinales

Las derivadas parciales de Fx_a, con respecto a las variables V y α, las cuales deben ser evaluadas para $t = 0$, son las siguientes:

$$\frac{\partial Fx_a}{\partial V} = -C_D \cdot \rho \cdot S \cdot V \qquad [9.3.6]$$

y

$$\frac{\partial Fx_a}{\partial \alpha} = -\frac{\partial C_D}{\partial \alpha} \cdot \frac{1}{2} \cdot \rho \cdot S \cdot V^2 \qquad [9.3.7]$$

La derivada de Fx_a con respecto a θ es nula, pues las acciones aerodinámicas no son función de la posición del cuerpo en el espacio y también las derivadas con respecto a $\dot v$ y $\dot\alpha$ se suponen nulas, entonces la ecuación de fuerza en la dirección del eje $x - x$, ecuación [9.3.2], se puede escribir:

El Avión. Calidad del Equilibrio, Control y Estabilidad Dinámica.

$$-C_D \cdot \rho \cdot S \cdot V \cdot v - \frac{\partial C_D}{\partial \alpha} \cdot \frac{1}{2} \cdot \rho \cdot S \cdot V^2 \cdot \alpha + W \cdot \alpha - W \cdot \theta = m \cdot \dot{v} \qquad [9.3.8]$$

dividiendo por $\rho \cdot V_0^2 \cdot S$, resulta:

$$-C_D \cdot \frac{v}{V_0} - \frac{\partial C_D}{\partial \alpha} \cdot \frac{1}{2} \cdot \alpha + \frac{W}{\rho \cdot S \cdot V_0^2} \cdot \alpha - \frac{W}{\rho \cdot S \cdot V_0^2} \cdot \theta = \frac{m}{\rho \cdot S \cdot V_0^2} \cdot \dot{v} \qquad [9.3.9]$$

Si se considera un vuelo recto horizontal estacionario, para el cual $L = W$, será:

$$C_L = \frac{2 \cdot (W/S)}{\rho \cdot V_0^2}$$

denominando u a v/V_0 y $\dot{u}$ a $\dot{v}/V_0$ y reemplazando en ecuación [9.3.9], se obtiene:

$$-C_D \cdot u - \left(\frac{\partial C_D}{\partial \alpha} \cdot \frac{1}{2} - \frac{C_L}{2}\right) \cdot \alpha - \frac{C_L}{2} \cdot \theta = \frac{m}{\rho \cdot S \cdot V_0} \cdot \dot{u} \qquad [9.3.10]$$

Si se representa con τ el factor $[m/(\rho \cdot S \cdot V_0)]$, cuya dimensión es de tiempo y definiendo el operador diferencial $d = d/d(t/\tau)$, el término del lado derecho de la ecuación [9.3.10], se convierte en du. Agrupando términos, resulta:

$$(C_D + d) \cdot u + \left(\frac{C_{D\alpha}}{2} - \frac{C_L}{2}\right) \cdot \alpha + \frac{C_L}{2} \cdot \theta = 0 \qquad [9.3.11]$$

donde: $C_{D\alpha} = \partial C_D / \partial \alpha$. La ecuación [9.3.11] es la ecuación adimensional del movimiento en la dirección del eje $x - x$.

Para la obtención de la ecuación en el eje $z - z$, se procede de forma similar a lo realizado para el eje $x - x$; la acción aerodinámica, Fig. 9.3, es:

$$Fz_a = -C_L \cdot \frac{1}{2} \cdot \rho \cdot V^2 \cdot S \qquad [9.3.12]$$

con las siguientes derivadas de estabilidad:

$$\frac{\partial Fz_a}{\partial V} = -C_L \cdot \rho \cdot S \cdot V \qquad [9.3.13]$$

y

$$\frac{\partial Fz_a}{\partial \alpha} = -C_{L\alpha} \cdot \frac{1}{2} \cdot \rho \cdot S \cdot V^2 \qquad [9.3.14]$$

reemplazando, la ecuación [9.3.3] resulta:

$$-(C_L \cdot \rho \cdot S \cdot V \cdot v) - \left(C_{L\alpha} \cdot \frac{1}{2} \rho \cdot S \cdot V^2 \cdot \alpha\right) = -m \cdot V_0 \cdot (\dot{\theta} - \dot{\alpha}) \qquad [9.3.15]$$

dividiendo por $\rho \cdot V_0^2 \cdot S$, se tiene:

$$-C_L \cdot u - \left(\frac{C_{L\alpha}}{2}\right) \cdot \alpha = -\frac{m}{\rho \cdot S \cdot V_0} \cdot (\dot{\theta} - \dot{\alpha})$$

y utilizando el operador d:

$$-C_L \cdot u - \left(\frac{C_{L\alpha}}{2}\right) \cdot \alpha = -d(\theta - \alpha)$$

Agrupando, se obtiene la ecuación de movimiento en la dirección $z - z$:

$$C_L \cdot u + \left(\frac{C_{L\alpha}}{2} + d\right) \cdot \alpha - d\theta = 0 \qquad [9.3.16]$$

El momento de cabeceo se escribe:

$$M = C_m \cdot \frac{1}{2} \cdot \rho \cdot V^2 \cdot S \cdot C \qquad [9.3.17]$$

y las derivadas parciales significativas de la acción aerodinámica de cabeceo, son:

$$\frac{\partial M}{\partial V} = \frac{\partial C_m}{\partial V} \cdot \frac{1}{2} \cdot \rho \cdot V^2 \cdot S \cdot C + C_m \cdot \rho \cdot V \cdot S \cdot C$$

$$\frac{\partial M}{\partial \alpha} = \frac{\partial C_m}{\partial \alpha} \cdot \frac{1}{2} \cdot \rho \cdot V^2 \cdot S \cdot C$$

$$\frac{\partial M}{\partial \dot{\alpha}} = \frac{\partial C_m}{\partial \dot{\alpha}} \cdot \frac{1}{2} \cdot \rho \cdot V^2 \cdot S \cdot C \qquad [9.3.18]$$

$$\frac{\partial M}{\partial \dot{\theta}} = \frac{\partial C_m}{\partial \dot{\theta}} \cdot \frac{1}{2} \cdot \rho \cdot V^2 \cdot S \cdot C$$

Si se tiene en cuenta que para $t = 0$ es $C_m = 0$, estado de equilibrio, y dividiendo por $\frac{1}{2} \cdot \rho \cdot V^2 \cdot S \cdot C$, la ecuación de movimiento alrededor del eje $y - y$ resulta:

$$\frac{\partial C_m}{\partial V} \cdot v + \frac{\partial C_m}{\partial \alpha} \cdot \alpha + \frac{\partial C_m}{\partial \dot{\alpha}} \cdot \dot{\alpha} + \frac{\partial C_m}{\partial \dot{\theta}} \cdot \dot{\theta} = \frac{(2 \cdot m \cdot k_y^2)}{\rho \cdot S \cdot C \cdot V_0^2} \cdot \ddot{\theta} \qquad [9.3.19]$$

El primer término de esta ecuación puede ser puesto en forma adimensional, multiplicando y dividiendo por V_0:

$$\frac{\partial C_m}{\partial u} \cdot u \, ,$$

término que pone en evidencia los efectos de compresibilidad y el cual supondremos que es nulo para nuestro análisis.

Para adimensionalizar las derivadas con respecto al tiempo, p. ej. $(\partial C_m / \partial \dot{\alpha})$, se las multiplica y divide por el parámetro del tiempo dimensional τ, con lo cual resulta $\{\partial C_m / \partial[d\alpha/d(t/\tau)] \cdot [d\alpha/d(t/\tau)]\}$ y utilizando el operador d se puede escribir $C_{m\,d\alpha} \cdot d\alpha$; de manera similar $(\partial C_m / d\dot{\theta}) \cdot \dot{\theta}$ se convierte en $C_{m\,d\theta} \cdot d\theta$.

La ecuación de movimiento alrededor del eje $y - y$, resulta:

$$C_{m_\alpha} \cdot \alpha + C_{m_{d\alpha}} \cdot d\alpha + C_{m_{d\theta}} \cdot d\theta = \frac{(2 \cdot m \cdot k_y^2)}{\rho \cdot S \cdot C \cdot V_0^2} \cdot \ddot{\theta} \qquad [9.3.20]$$

Considerando que:

$$\frac{(2 \cdot m \cdot k_y^2)}{\rho \cdot S \cdot C \cdot V_0^2} \cdot \dot{\theta} = 2 \cdot \left(\frac{k_y}{C}\right)^2 \cdot \frac{\rho \cdot S \cdot C \cdot d^2\theta}{m}$$

se obtiene la ecuación adimensional alrededor del eje $y - y$:

$$\left(C_{m_\alpha} + C_{m_{d\alpha}} \cdot d\right) \cdot \alpha + \left(C_{m_{d\theta}} \cdot d - \frac{2 \cdot k_y^2}{\mu \cdot C^2} \cdot d^2\right) \cdot \theta = 0 \qquad [9.3.21]$$

El factor $[(\rho \cdot S \cdot C)/m]$ es adimensional, por convención se le asigna el símbolo μ a su inversa y se la denomina factor de densidad relativa del avión $(\mu = m/(\rho \cdot S \cdot C))$.

9.4. EVALUACIÓN DE LAS DERIVADAS DE ESTABILIDAD LONGITUDINALES

Las tres ecuaciones de movimiento adimensionales obtenidas, ecuaciones [9.3.11], [9.3.16] y [9.3.21], son ecuaciones diferenciales y homogéneas con coeficientes constantes, los cuales se obtienen a partir de los parámetros de masa e inercia del avión y de las derivadas de estabilidad longitudinales. En este punto se evaluaran algunas de estas derivadas, destacándose que las mismas deben ser calculadas para las condiciones iniciales del movimiento.

9.4.1. $C_{L_\alpha}^{*}$ Pendiente de sustentación del avión completo

Esta derivada se obtiene para la configuración en estudio, Ref. 5, 7 y 9, y es función del perfil, alargamiento del ala, etc.

---

[*] Todos los ángulos y derivadas que los contengan, en los temas de dinámica, se dan en radianes.

9.4.2. C_{D_α} Valor de cambio del C_D con el ángulo de ataque

Considerando una polar parabólica:

$$C_D = C_{D_0} + \frac{C_L^2}{\pi \cdot e \cdot \Lambda}$$

resulta:

$$C_{D\alpha} = C_{L\alpha} \cdot \frac{2 \cdot C_L}{\pi \cdot \Lambda_{ef}} \qquad\qquad [9.4.1]$$

9.4.3. C_{m_α} Criterio de la calidad del equilibrio en cabeceo

$$\frac{\partial C_m}{\partial \alpha} = \frac{\partial C_m}{\partial C_L} \cdot \frac{\partial C_L}{\partial \alpha} \implies C_{m_\alpha} = C_{L\alpha} \cdot \left(\frac{X_{c.g.}}{C} - N_0 \right) \qquad\qquad [9.4.2]$$

9.4.4. $C_{m_{d\alpha}}$ Derivada del coeficiente de momento de cabeceo con respecto a la velocidad de variación del ángulo de ataque

La deflexión vertical hacia abajo del flujo de aire del ala, a la altura del centro aerodinámico del empenaje, es función del ángulo de ataque del ala y si este varía en función del tiempo también lo hará la deflexión de la corriente en ese punto.

La derivada del coeficiente del momento de cabeceo, con respecto a la velocidad de variación del ángulo de ataque, pone en evidencia el retardo con el cual llega la información del valor del ángulo de ataque del ala a la zona del empenaje horizontal. Cuando existe una variación de este ángulo en función del tiempo esta derivada permite determinar instantáneamente el momento de cabeceo del empenaje, prediciendo el valor pertinente de la deflexión vertical de la estela del ala.

El tiempo que demora el aire en llevar la información desde el ala al empenaje horizontal es función de la velocidad del flujo y de la distancia entre los dos centros aerodinámicos.

El ángulo de ataque del empenaje horizontal, en un instante cualquiera, es:

$$\alpha_t = \alpha_w - \varepsilon - i_w + i_t$$

y para un avión, cuyo ángulo de ataque varía con una velocidad $d\alpha/dt$, la deflexión vertical de la corriente de aire será igual a:

$$\varepsilon = \frac{\partial \varepsilon}{\partial \alpha} \cdot \left[\alpha_w - \alpha_0 - \frac{d\alpha}{dt} \cdot \Delta t \right] \qquad\qquad [9.4.3]$$

Δt es el tiempo que le toma a una partícula de aire para ir desde el centro aerodinámico del ala al del empenaje horizontal, por lo tanto:

El Avión. Calidad del Equilibrio, Control y Estabilidad Dinámica.

$$\Delta t = \frac{lt}{V_0} \hspace{6cm} [9.4.4]$$

El coeficiente de momento de cabeceo producido por el empenaje horizontal, teniendo en cuenta las ecuaciones [9.4.3] y [9.4.4] y reemplazando términos en la ecuación [2.2.20] será:

$$C_{m_t} = -a_t \cdot \bar{V}_t \cdot \eta_t \cdot \left[\alpha_w - \frac{\partial \varepsilon}{\partial \alpha} \cdot \left(\alpha_w - \alpha_0 - \frac{d\alpha}{dt} \cdot \frac{lt}{V_0} \right) - i_w + i_t \right]$$

Derivando, se tiene:

$$\frac{\partial C_m}{\partial \left(\frac{d\alpha}{dt} \right)} = -a_t \cdot \bar{V}_t \cdot \eta_t \cdot \frac{lt}{V_0} \cdot \frac{\partial \varepsilon}{\partial \alpha}$$

Dividiendo cada miembro por el parámetro τ, resulta:

$$\frac{\partial C_m}{\partial \left(\frac{d\alpha}{d(t/\tau)} \right)} = -a_t \cdot \bar{V}_t \cdot \eta_t \cdot \frac{lt}{V_0} \cdot \frac{\partial \varepsilon}{\partial \alpha} \cdot \frac{1}{\tau}$$

y si se considera que $\tau = \mu\,C/V_0$, se obtiene:

$$C_{m_{d\alpha}} = -a_t \cdot \bar{V}_t \cdot \eta_t \cdot \frac{1}{\mu} \cdot \frac{lt}{C} \cdot \frac{\partial \varepsilon}{\partial \alpha} \hspace{4cm} [9.4.5]$$

9.4.5. $C_{m_{d\theta}}$ Amortiguamiento en cabeceo del avión

Hay varias contribuciones al amortiguamiento de cabeceo, pero la más importante se debe al empenaje horizontal y se la determina evaluando la variación en el ángulo de ataque debido a la velocidad angular, $\dot{\theta}$, ver Capítulo 6, Punto 1.

$$\Delta \alpha_t = \dot{\theta} \cdot \frac{lt}{V_0}$$

por lo tanto la variación del momento de cabeceo que se produce en el empenaje horizontal, como consecuencia del cambio en el ángulo de ataque del empenaje horizontal, será igual a:

$$\Delta C_{m_t} = -a_t \cdot \bar{V}_t \cdot \eta_t \cdot \frac{d\theta}{dt} \cdot \frac{lt}{V_0}$$

Derivando con respecto a la velocidad de cabeceo, se tiene:

$$\frac{\partial C_{m_t}}{\partial \left(\dfrac{d\theta}{dt}\right)} = -a_t \cdot \bar{V}_t \cdot \eta_t \cdot \frac{lt}{V_0}$$

y dividiendo ambos miembros por τ, resulta:

$$\frac{\partial C_{m_t}}{\partial \left[\dfrac{d\theta}{d(t/\tau)}\right]} = -a_t \cdot \bar{V}_t \cdot \eta_t \cdot \frac{lt}{V_0 \cdot \tau}$$

Considerando que $\tau = \mu C / V_0$, se obtiene:

$$C_{m_{d\theta}} == -a_t \cdot \bar{V}_t \cdot \eta_t \cdot \frac{1}{\mu} \cdot \frac{lt}{C}$$

Para tener en cuenta la contribución de otros elementos del avión, como por ejemplo fuselaje, barquillas, etc., se aumenta un 10 % el valor de esta derivada:

$$C_{m_{d\theta}} == -1.1 \cdot a_t \cdot \bar{V}_t \cdot \eta_t \cdot \frac{1}{\mu} \cdot \frac{lt}{C} \qquad [9.4.6]$$

9.5. SOLUCIÓN DE LAS ECUACIONES DEL MOVIMIENTO SIMÉTRICO

El movimiento de un aeroplano, después de producida una perturbación, con los mandos fijos y en vuelo planeado sin potencia, se analiza mediante la solución del siguiente sistema de ecuaciones diferenciales, lineales y homogéneas:

$$(C_D + d) \cdot u + \frac{1}{2} \cdot (C_{D\alpha} - C_L) \cdot \alpha + \frac{C_L}{2} \cdot \theta = 0$$

$$C_L \cdot u + \left(\frac{C_{L\alpha}}{2} + d\right) \cdot \alpha - d\theta = 0 \qquad [9.5.1]$$

$$\left(C_{m_\alpha} + C_{m_{d\alpha}} \cdot d\right) \cdot \alpha + \left(C_{m_{d\theta}} \cdot d - h_y \cdot d^2\right) \cdot \theta = 0$$

donde: $h_y = \left(2 \cdot k_y^2\right)/(\mu C^2)$

La solución de estas ecuaciones de movimiento se obtiene suponiendo, para cada una de las variables, una solución de la forma:

$$u = u_1 \cdot e^{\lambda \cdot \frac{t}{\tau}}$$

$$\alpha = \alpha_1 \cdot e^{\lambda \cdot \frac{t}{\tau}} \qquad [9.5.2]$$

$$\theta = \theta_1 \cdot e^{\lambda \cdot \frac{t}{\tau}}$$

El Avión. Calidad del Equilibrio, Control y Estabilidad Dinámica.

donde λ es una constante real o compleja, de igual valor para todas las variables y donde u_1, α_1 y θ_1 son también constantes reales o complejas que dependen de las condiciones iniciales.

Si los valores de las variables en las ecuaciones [9.5.1], son sustituidos por las expresiones [9.5.2], junto con sus derivadas primeras y segundas, tenemos en común $e^{\lambda \cdot (t/\tau)}$ el cual puede ser suprimido en las ecuaciones, con lo cual el sistema [9.5.1], se reduce a un sistema de tres ecuaciones algebraicas con la incógnita λ y las nuevas variables u_1, α_1 y θ_1.

$$(C_D + \lambda) \cdot u_1 + \frac{1}{2} \cdot (C_{D\alpha} - C_L) \cdot \alpha_1 + \frac{C_L}{2} \cdot \theta_1 = 0$$

$$C_L \cdot u_1 + \left(\frac{1}{2} \cdot C_{L\alpha} + \lambda\right) \cdot \alpha_1 - \lambda \cdot \theta_1 = 0 \qquad [9.5.3]$$

$$\left(C_{m_\alpha} + C_{m_{d\alpha}} \cdot \lambda\right) \cdot \alpha_1 + \left(C_{m_{d\theta}} \cdot \lambda - h_y \cdot \lambda^2\right) \cdot \theta_1 = 0$$

Estas ecuaciones son ahora un sistema de ecuaciones algebraicas homogéneas, y como tales, para tener solución, el determinante de sus coeficientes debe ser nulo.

$$\begin{vmatrix} C_D + \lambda & 1/2 \cdot (C_{D\alpha} - C_L) & 1/2 \cdot C_L \\ C_L & 1/2 \cdot C_{L\alpha} + \lambda & -\lambda \\ 0 & C_{m_\alpha} + C_{m_{d\theta}} \cdot \lambda & \left(C_{m_{d\theta}} \cdot \lambda - h_y \cdot \lambda^2\right) \end{vmatrix} = 0 \qquad [9.5.4]$$

Expandiendo el determinante [9.5.4], se obtiene una ecuación de cuarto grado en λ, conocida como cuártica de estabilidad:

$$A \cdot \lambda^4 + B \cdot \lambda^3 + C \cdot \lambda^2 + D \cdot \lambda + E = 0 , \qquad [9.5.5]$$

cuyas raíces son los cuatro valores de λ, que determinan la solución general del tipo:

$$u = u_1 \cdot e^{\lambda_1 \cdot \frac{t}{\tau}} + u_2 \cdot e^{\lambda_2 \cdot \frac{t}{\tau}} + u_3 \cdot e^{\lambda_3 \cdot \frac{t}{\tau}} + u_4 \cdot e^{\lambda_4 \cdot \frac{t}{\tau}} \qquad [9.5.6]$$

y de manera similar para las variables α y θ.

Con el objeto de estudiar cualitativamente el movimiento característico de cualquier sistema dinámico, no es necesario obtener los valores de los coeficientes u_1, u_2, u_3 y u_4; puesto que ellos son una función de la perturbación inicial $(t/\tau = 0)$. Lo importante es determinar las características del movimiento, si es oscilatorio: el período y el amortiguamiento y si es aperiódico: el valor de la convergencia o divergencia, esto se logra investigando los cuatro valores de λ que se obtienen a través de la cuártica.

Los coeficientes de la cuártica de estabilidad se determinan expandiendo el determinante en λ. Una vez que los coeficientes A, B, C, D y E de la cuártica en λ son determinados, para un avión y una condición de vuelo, [9.5.7], una inspección de los mismos permitirá obtener información valiosa en relación con el movimiento sin necesidad de calcular las raíces. Si todos los coeficientes son positivos (> 0), no puede haber raíces reales positivas, por lo tanto no habrá posibilidad de que exista una divergencia pura.

$$A = 1$$

$$B = \frac{1}{2} \cdot C_{L\alpha} + C_D - \frac{1}{h_y} \cdot C_{m_{d\theta}} - \frac{1}{h_y} \cdot C_{m_{d\alpha}}$$ [9.5.7]

$$C = \frac{1}{2} \cdot C_D \cdot C_{L\alpha} + \frac{C_L^2}{2} - C_{L\alpha} \cdot \frac{C_{m_{d\theta}}}{2 \cdot h_y} - C_{m_{d\theta}} \cdot \frac{C_D}{h_y} - C_{D\alpha} \cdot \frac{C_L}{2} - \frac{C_{m_\alpha}}{h_y} - C_D \cdot \frac{C_{m_{d\alpha}}}{h_y}$$

$$D = \frac{C_L}{2 \cdot h_y} \cdot C_{D\alpha} \cdot C_{m_{d\theta}} - \frac{C_D}{2 \cdot h_y} \cdot C_{L\alpha} \cdot C_{m_{d\theta}} - C_{m_{d\alpha}} \cdot \frac{C_L^2}{2 \cdot h_y} - C_{m_{d\theta}} \cdot \frac{C_L^2}{2 \cdot h_y} - C_{m_\alpha} \cdot \frac{C_D}{h_y}$$

$$E = -C_{m_\alpha} \cdot \frac{C_L^2}{2 \cdot h_y}$$

Si todos los coeficientes son mayores que cero y la combinación de coeficientes de la cuártica $[D \cdot (B \cdot C - A \cdot D) - B^2 \cdot E]$, conocida como discriminante de Routh es también mayor que cero no puede haber raíces complejas con partes reales positivas y no hay posibilidad de que haya una divergencia pura.

Si el discriminante de Routh es negativo, habrá un par complejo con una parte real positiva, lo cual implica una oscilación divergente y si el discriminante es nulo, habrá una oscilación permanente, Fig. 9.3.

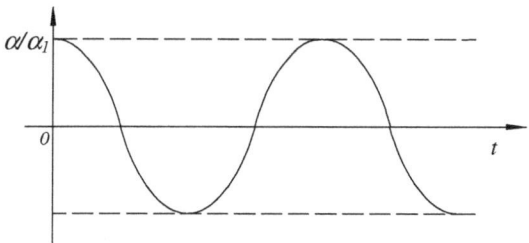

FIGURA 9.3. Oscilación permanente

Existen diversos procedimientos analíticos o computacionales para determinar el valor de las raíces. La existencia de un par de raíces complejas conjugadas de la forma:

$$\lambda = a \pm i \cdot b$$

indica que el movimiento de un avión, después de producida una perturbación, tiene un modo oscilatorio con un período (T), Fig. 9.4:

$$T = \frac{2 \cdot \pi}{b} \cdot \tau \quad [seg]$$ [9.5.8]

El Avión. Calidad del Equilibrio, Control y Estabilidad Dinámica.

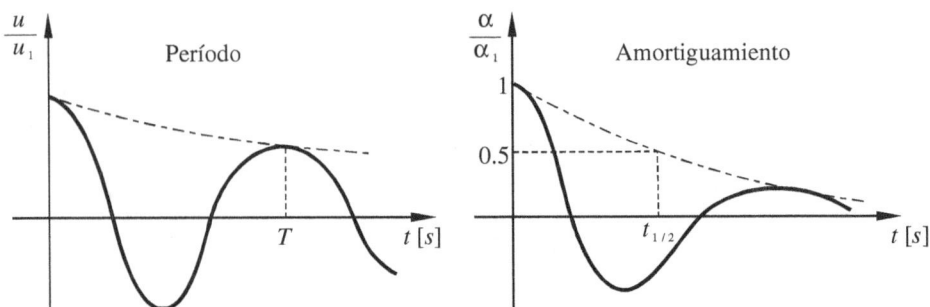

FIGURA 9.4. Período y Amortiguamiento

El tiempo de amortiguamiento o Amortiguamiento se define como el tiempo que tarda la alteración de la variable del movimiento en alcanzar la mitad (duplicar) el valor de la perturbación inicial, Fig. 9.4.

$$\alpha = \alpha_1 \cdot e^{(a \cdot t/\tau)} = \frac{1}{2} \cdot \alpha_1$$

De acuerdo con la definición del Amortiguamiento:

$$e^{(a \cdot t/\tau)} = \frac{1}{2}$$

operando, resulta:

$$a \cdot t/\tau = In\frac{1}{2} = -0.69$$

y despejando t, se tiene:

$$t_{1/2} = \text{Tiempo de amortiguamiento a 1/2 amplitud} = -\frac{0.69 \cdot \tau}{a} \qquad [9.5.9]$$

El número de ciclos para conseguir el amortiguamiento $(N_{1/2})$ será igual a:

$$N = \frac{t_{1/2}}{T} = -\frac{0.69 \cdot b}{a \cdot 2 \cdot \pi} = -0.11 \cdot \frac{b}{a} \qquad [9.5.10]$$

Para un avión con $C_{m_{C_L}}$ negativo, la solución para el movimiento longitudinal, en la mayoría de los casos, es de dos pares de raíces complejas:

$$\lambda_{1-2} = a_1 \pm i \cdot b_1$$

y

$$\lambda_{3-4} = a_2 \pm i \cdot b_2$$

Estas raíces complejas indican que el movimiento longitudinal de un avión, después de producida una perturbación, tiene dos modos oscilatorios.

Valores típicos para las raíces del movimiento longitudinal son los siguientes:

$$\lambda_{1-2} = -0.02 \pm i \cdot 0.30$$

$$\lambda_{3-4} = -2.0 \pm i \cdot 2.5$$

las cuales, para un avión con una característica de tiempo $\tau = 1.5\ seg$, permiten obtener los siguientes valores:

$$\lambda_{1-2} \Longrightarrow T = 31.5\ seg. \qquad t_{1/2} = 52\ seg.$$

$$\lambda_{3-4} \Longrightarrow T = 3.77\ seg. \qquad t_{1/2} = 0.52\ seg.$$

Los modos característicos del movimiento longitudinal, generalmente son 2 oscilaciones, una de largo período con amortiguamiento pobre y otra de corto período con fuerte amortiguamiento. La primera de estas oscilaciones se la conoce como modo fugoide o modo de período largo, mientras que la segunda se la conoce como modo de corto período o segundo modo, Fig. 9.5.

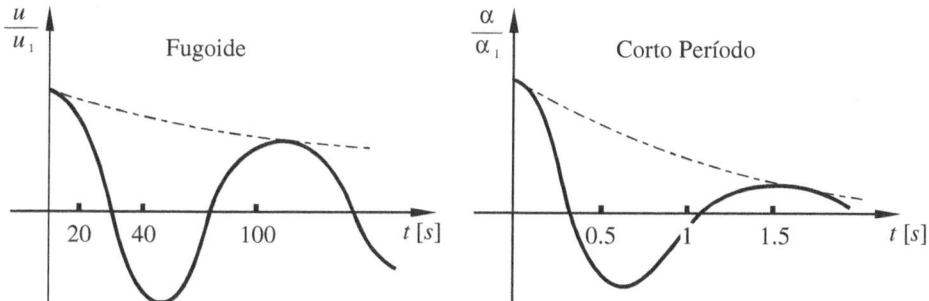

FIGURA 9.5. Modos de movimientos longitudinales

El segundo modo es siempre tan amortiguado que trae pocas consecuencias en sí mismo. Al piloto del avión, por lo general le pasa desapercibida su existencia. Este es sentido por el piloto sólo como un golpe cuando encuentra una ráfaga o cuando se realiza un movimiento de control brusco.

El de período largo o Fugoide, tiene un amortiguamiento débil, y muchos aviones diseñados hoy en día, tienen un modo fugoide no amortiguado durante una parte del rango de variación del coeficiente de sustentación de vuelo. El período del modo fugoide es tan largo y la respuesta del avión tan suave que esta oscilación no amortiguada tiene poco peso o influencia en la opinión del piloto sobre las cualidades de pilotaje del avión.

En la oscilación fugoide hay variación de la velocidad de avance, de la actitud y altura del vuelo, pero durante la cual la variación del ángulo de ataque es muy pequeña y puede considerarse como un vuelo con α constante, Fig. 9.6. Las variaciones de los parámetros del movimiento son tan suaves que los efectos de las fuerzas de inercia y las fuerzas de amortiguamiento son muy bajas.

El Avión. Calidad del Equilibrio, Control y Estabilidad Dinámica.

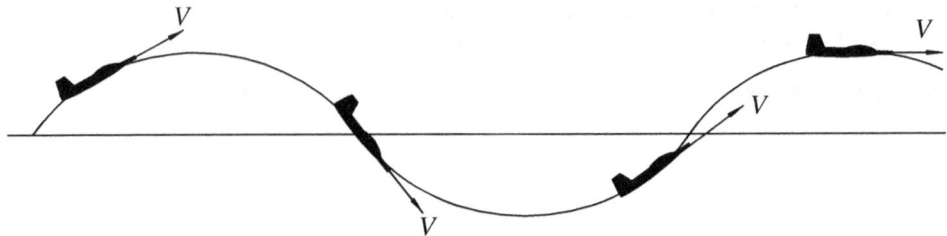

FIGURA 9.6. Modo Fugoide, trayectoria

La oscilación fugoide se puede pensar que es un suave intercambio de energía cinética y potencial, alrededor de algún nivel de energía de equilibrio, o como el intento del avión de restablecer el equilibrio del cual ha sido perturbado ($C_L \cdot V^2 \cong W \cong Cte.$).

Bajo la hipótesis de que no se producen cambios en el ángulo de ataque, ni que existe amortiguamiento ni resistencia, el sistema de ecuaciones [9.5.1] se reduce a:

$$du + \frac{C_L}{2} \cdot \theta = 0$$

[9.5.11]

$$C_L \cdot u - d\theta = 0$$

Suponiendo una solución de la forma $u = u_1 \cdot e^{\lambda \cdot (t/\tau)}$ y sustituyendo en [9.5.11] los términos correspondientes, se tiene el siguiente determinante de los coeficientes:

$$\begin{vmatrix} \lambda & C_L/2 \\ C_L & -\lambda \end{vmatrix} = 0$$

[9.5.12]

y expandiéndolo:

$$\lambda^2 + \frac{C_L^2}{2} = 0$$

con raíces:

$$\lambda_{1-2} = \pm i \cdot \sqrt{\frac{C_L^2}{2}}$$

Finalmente se obtiene:

$$u = u_1 \cdot e^{\pm i \cdot \sqrt{\frac{C_L^2}{2}} \cdot \frac{t}{\tau}}$$

Esta es una solución cuyo período es $2 \cdot \pi / \sqrt{(C_L^2/2)} \cdot \tau \; [seg]$, en la cual sustituyendo:

$$C_L = \frac{2 \cdot (W/S)}{\rho \cdot V_0^2}$$

y

$$\tau = \frac{W/S}{\rho \cdot g \cdot V_0}$$

da un período igual a $0.452 \cdot V_0[seg]$, con la velocidad en m/s e indica una oscilación muy suave, a velocidades de vuelo normales.

Esta aproximación de la oscilación fugoide indica que no hay amortiguamiento, el movimiento es una oscilación permanente. Si retiramos la hipótesis de que la resistencia es nula, el sistema [9.5.1] será:

$$(C_D + d) \cdot u + \frac{C_L}{2} \cdot \theta = 0$$

$$\dot{C}_L \cdot u - d\theta = 0$$

[9.5.13]

Suponiendo una solución de la forma: $u = u_1 \cdot e^{\lambda \cdot (t/\tau)}$, etc. y expandiendo el determinante en λ, se tiene la siguiente ecuación característica:

$$\lambda^2 + C_D \cdot \lambda + \frac{C_L^2}{2} = 0$$

con raíces:

$$\lambda_{1,2} = -\frac{C_D}{2} \pm \sqrt{\left[\left(\frac{C_D}{2} \right)^2 - \frac{C_L^2}{2} \right]}$$

Las cuales muestran que la solución es una oscilación amortiguada y como C_L es mucho mayor que C_D, tiene un período aproximadamente igual a $0.452 \cdot V_0[seg]$. El tiempo para amortiguar la amplitud de la oscilación a la mitad es de $(1.386/C_D) \cdot \tau[seg]$ y el amortiguamiento de la fugoide es una función directa del C_D del avión.

Aunque los resultados de las ecuaciones completas muestran que otros factores influyen un poco en el amortiguamiento, la resistencia es sin embargo, el factor más importante y coloca al diseñador de aviones ante un gran dilema: cuanto menor C_D tenga el avión, más difícil será obtener un buen amortiguamiento en el modo fugoide.

Experiencias de ensayos en vuelo y estudios analíticos del modo de corto período indican que esta oscilación se realiza a velocidad constante. Esto se debe al hecho que la alteración del movimiento del avión es muy breve y se amortigua completamente en poco tiempo lo cual no da lugar para que se pueda producir cambios en la velocidad de avance, Fig. 9.7

El Avión. Calidad del Equilibrio, Control y Estabilidad Dinámica.

FIGURA 9.7. Modo del Corto Período, trayectoria

Bajo la suposición de que no se producen cambios en la velocidad $(u = 0)$ el sistema de ecuaciones [9.5.1] permite obtener el siguiente determinante de sus coeficientes:

$$\begin{vmatrix} 1/2 \cdot C_{L\alpha} + \lambda & -\lambda \\ C_{m_\alpha} + C_{m_{d\alpha}} \cdot \lambda & \left(C_{m_{d\theta}} \cdot \lambda - h_y \cdot \lambda^2 \right) \end{vmatrix} = 0 \qquad\qquad [9.5.14]$$

expandiéndolo para obtener la ecuación característica, resulta

$$\lambda^3 - \left(\frac{C_{m_{d\theta}}}{h_y} - \frac{C_{L\alpha}}{2} + \frac{C_{m_{d\alpha}}}{h_y} \right) \cdot \lambda^2 - \left(\frac{C_{m_\alpha}}{h_y} + C_{m_{d\theta}} \cdot \frac{C_{L\alpha}}{2 \cdot h_y} \right) \cdot \lambda = 0 \qquad [9.5.15]$$

La ecuación [9.5.15] tiene una raíz nula y si se la divide por λ se obtiene una ecuación de segundo grado:

$$\lambda^2 - \left(\frac{C_{m_{d\theta}}}{h_y} - \frac{C_{L\alpha}}{2} + \frac{C_{m_{d\alpha}}}{h_y} \right) \cdot \lambda - \left(\frac{C_{m_\alpha}}{h_y} + C_{m\,d\theta} \cdot \frac{C_{L\alpha}}{2 \cdot h_y} \right) = 0 \qquad [9.5.16]$$

La ecuación [9.5.16] tiene generalmente un par de raíces complejas, con un fuerte amortiguamiento y oscilaciones de período corto para todos los aviones con calidad del equilibro positiva.

Un caso especial de las raíces del modo de corto período se presenta cuando el margen estático del avión es pequeño, en tal circunstancia estas raíces dejan de ser un par complejo conjugado y pasan a ser un par de raíces reales negativas, convirtiendo al movimiento en un modo convergente no oscilatorio.

El coeficiente de la primera potencia de λ en la ecuación [9.5.16] es el término amortiguante e inspeccionándolo se puede notar que para cualquier avión, todos los términos aportan para el amortiguamiento, haciéndolo a este muy fuerte. La oscilación puede ser imaginada como la respuesta del avión a una perturbación a partir de la condición de vuelo equilibrado, en la cual, momentos estabilizantes muy fuertes se acoplan con fuertes amortiguaciones creando oscilaciones de corto período del ángulo de ataque del avión a una velocidad aproximadamente constante.

La respuesta de un avión es función de muchos parámetros, los cuales tienen en cuenta: configuración geométrica, régimen de vuelo, la masa y su distribución; sus efectos deben ser estudiados y analizados en toda la envolvente de vuelo.

CAPÍTULO 10

ESTABILIDAD DINÁMICA TRANSVERSAL

10.1 ECUACIONES DEL MOVIMIENTO ASIMÉTRICO. ADIMENSIONALIZACIÓN

La teoría de las pequeñas perturbaciones y la existencia de un plano de simetría permitieron desacoplar aerodinámicamente los movimientos que se desarrollan en el plano de simetría del avión, movimiento simétrico o longitudinal, de aquellos que tienen lugar fuera de ese plano, movimiento asimétrico o transversal.

A partir de una condición de vuelo inicial horizontal estacionario, con el ala nivelada horizontalmente y considerando que los mandos laterales y de dirección están fijos, se tiene en el movimiento transversal un movimiento con tres grados de libertad, uno en la dirección del eje $y - y$ y otros dos alrededor de los ejes $x - x$ y $z - z$.

Las ecuaciones del movimiento asimétrico, ecs. [9.2.17], son:

$$\Delta Fy = \Delta Fy_a + \Delta Fy_m = m \cdot V_0 \cdot \left(\dot{\beta} + \dot{\psi} \right)$$

$$\Delta \mathcal{L} = \Delta \mathcal{L}_a = Ix \cdot \dot{p} - Ixz \cdot \dot{r}$$

$$\Delta N = \Delta N_a = Iz \cdot \dot{r} - Ixz \cdot \dot{p}$$

[10.1.1]

Donde ΔFy es la sumatoria de todas las fuerzas externas que actúan en la dirección $y - y$ y $\Delta \mathcal{L}$ y ΔN la sumatoria de todos los momentos externos de rolido y guiñada, respectivamente. Las variables de estado del movimiento son β, ψ, ϕ y sus derivadas con respecto al tiempo.

Con el objeto de simplificar el desarrollo se supondrá que el eje $x - x$ es un eje principal de inercia y que por lo tanto $Ixz = 0$. Esta hipótesis permite desacoplar inercialmente los movimientos alrededor de los ejes $x - x$ y $z - z$. Esta suposición no puede ser mantenida en aviones con una marcada separación angular entre el eje $x - x$ y el respectivo eje principal de inercia.

Suponiendo $Ixz = 0$ y teniendo en cuenta la expresión obtenida para ΔFy_m, ecuaciones [9.2.12], las ecuaciones [10.1.1], resultan:

El Avión. Calidad del Equilibrio, Control y Estabilidad Dinámica.

$$\Delta Fy_a + W \cdot \phi = m \cdot V_0 \cdot (\dot{\beta} + \dot{\psi})$$

$$\Delta \mathcal{L}_a = Ix \cdot \dot{p} \qquad\qquad\qquad\qquad [10.1.2]$$

$$\Delta N_a = Iz \cdot \dot{r}$$

La alteración o cambio de la fuerza aerodinámica en la dirección del eje $y - y$, Capítulo 9, Punto 2, teniendo en cuenta que las variables del movimiento son β, ψ y ϕ, se puede escribir:

$$\Delta Fy_a = \frac{\partial Fy_a}{\partial \beta} \cdot \beta + \frac{\partial Fy_a}{\partial \psi} \cdot \psi + \frac{\partial Fy_a}{\partial \phi} \cdot \phi + \frac{\partial Fy_a}{\partial \dot{\beta}} \cdot \dot{\beta} + \frac{\partial Fy_a}{\partial \dot{\psi}} \cdot \dot{\psi} + \frac{\partial Fy_a}{\partial \dot{\phi}} \cdot \dot{\phi}$$

Si se examina cada una de las derivadas parciales se encontrará que sólo la derivada con respecto al ángulo de deslizamiento (β) alcanza una magnitud significativa, Fig. 10.1. Cuando un avión desliza desarrollará una fuerza lateral y su coeficiente aerodinámico será función de las características geométricas de la configuración, el cual se puede obtener a través de mediciones en túneles de viento o bien mediante evaluaciones teóricas, Refs. 5, 7 y 9.

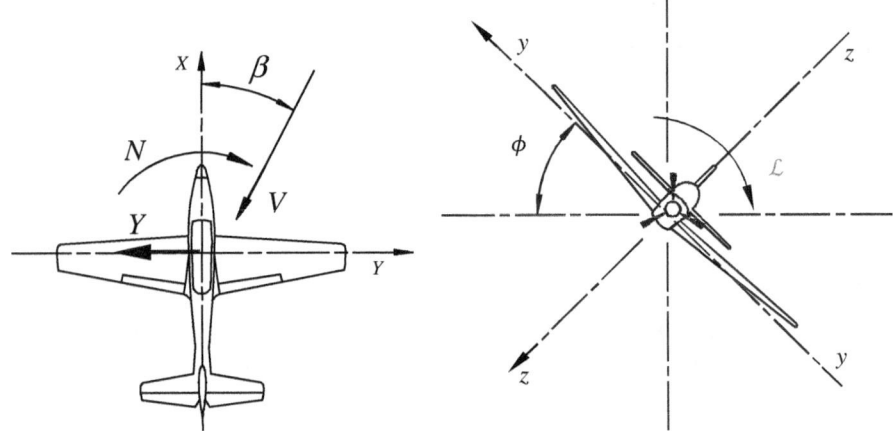

FIGURA 10.1. Acciones aerodinámicas

Las otras variables o sus derivadas $(\psi, \phi, \dot{\phi}, \dot{\psi}, \dot{\beta})$, no generan fuerzas significativas en la dirección del eje $y - y$, por lo tanto se puede poner:

$$\Delta Fy_a = \frac{\partial Fy_a}{\partial \beta} \cdot \beta$$

La ecuación de movimiento, en la dirección del eje $y - y$, para un vuelo con $\gamma = 0$ y alas niveladas, ec. [9.2.17], es:

$$\Delta Fy_a + m. g. \phi = m \cdot V_0 \cdot (\dot{\beta} + \dot{\psi}) \qquad\qquad [10.1.3]$$

dividiendo por $q_0 \cdot S$ y recordando que $C_L = W/(q_0 \cdot S)$, resulta:

$$Cy_\beta \cdot \beta + C_L \cdot \phi = \frac{m \cdot V_0}{q_0 \cdot S} \cdot (\dot{\beta} + \dot{\psi})$$
[10.1.4]

Utilizando el parámetro de tiempo dimensional $\tau = m/(\rho \cdot S \cdot V_0)$ y el operador diferencial d en forma similar a lo realizado en el Capítulo 9, se tiene:

$$Cy_\beta \cdot \beta + C_L \cdot \phi = 2 \cdot d(\beta + \psi)$$
[10.1.5]

y la ecuación adimensional, linealizada y homogeneizada, del movimiento en la dirección del eje $y - y$ es:

$$(Cy_\beta - 2 \cdot d) \cdot \beta - 2 \cdot d\psi + C_L \cdot \phi = 0$$
[10.1.6]

Para desarrollar las ecuaciones de momento es importante destacar que en el movimiento asimétrico la rotación se realiza alrededor de dos ejes $(x - x$ y $z - z)$, y se produce lo que se denomina acoplamiento cruzado de causas y efectos en el movimiento transversal; por ejemplo: una velocidad de rolido produce momentos de guiñada y de rolido; un deslizamiento o una velocidad de guiñada genera también, momentos de rolido y guiñada. Por lo tanto el momento de rolido es principalmente una función de las siguientes variables:

$$\Delta \mathcal{L}_a = f(\beta, \dot{\psi}, \dot{\phi})$$

donde:

$$\dot{\phi} = \frac{d\phi}{dt} = p$$

y

$$\dot{\psi} = \frac{d\psi}{dt} = r$$

por lo tanto:

$$\Delta \mathcal{L}_a = \frac{\partial \mathcal{L}}{\partial \beta} \cdot \beta + \frac{\partial \mathcal{L}}{\partial \dot{\psi}} \cdot \dot{\psi} + \frac{\partial \mathcal{L}}{\partial \dot{\phi}} \cdot \dot{\phi}$$
[10.1.7]

y la ecuación del movimiento de rolido adimensional, en términos del coeficiente de momento de rolido, $C\mathcal{L}$, se obtiene dividiendo la ecuación del movimiento de rolido, ecuación [10.1.2] por $q_0 \cdot S \cdot b$; teniendo en cuenta la ecuación [10.1.7], resulta

$$C\mathcal{L}_\beta \cdot \beta + C\mathcal{L}_{\dot{\psi}} \cdot \dot{\psi} + C\mathcal{L}_{\dot{\phi}} \cdot \dot{\phi} = \frac{Ix}{q_0 \cdot S \cdot b} \cdot \ddot{\phi}$$
[10.1.8]

El coeficiente de amortiguamiento en rolido se expresa usualmente en forma adimensional como $\partial C\mathcal{L}/\partial[p \cdot b/(2 \cdot V_0)]$, donde $p \cdot b/2 \cdot V_0$ ($\hat{p}$) es el parámetro adimensional de la velocidad de rolido; para utilizar esta expresión de la derivada del amortiguamiento en rolido, se pone:

El Avión. Calidad del Equilibrio, Control y Estabilidad Dinámica.

$$CL_{\dot{\phi}} \cdot \dot{\phi} = \frac{\partial CL}{\partial \left(\frac{p \cdot b}{2 \cdot V_0}\right)} \cdot \frac{b}{2 \cdot V_0} \cdot \dot{\phi} \qquad\qquad [10.1.9]$$

Utilizando el parámetro de densidad relativa del avión correspondiente al modo de movimiento asimétrico, $\mu = m/(\rho \cdot S \cdot b)$, y el parámetro τ, resulta:

$$CL_{\dot{\phi}} \cdot \dot{\phi} = CL_{\hat{p}} \cdot \frac{\tau}{2 \cdot \mu} \cdot \dot{\phi} = \frac{CL_{\hat{p}}}{2 \cdot \mu} \cdot d\phi \qquad\qquad [10.1.10]$$

Similarmente se puede expresar CL_{ψ} en términos del parámetro adimensional de la velocidad de guiñada $(r \cdot b/2 \cdot V_0)$.

$$CL_{\hat{r}} = \frac{\partial CL}{\partial \left(\frac{r \cdot b}{2 \cdot V_0}\right)} \qquad\qquad [10.1.11]$$

y se tiene:

$$CL_{\psi} \cdot \dot{\psi} = \frac{CL_{\hat{r}}}{2 \cdot \mu} \cdot d\psi \qquad\qquad [10.1.12]$$

con lo cual, la ecuación del momento alrededor del eje $x - x$ es:

$$CL_{\beta} \cdot \beta + \frac{CL_{\hat{r}}}{2 \cdot \mu} \cdot d\psi + \frac{CL_{\hat{p}}}{2 \cdot \mu} \cdot d\phi = \frac{Ix}{q_0 \cdot S \cdot b} \cdot \ddot{\phi} \qquad\qquad [10.1.13]$$

Si el momento de inercia del aeroplano, Ix, se pone como $m \cdot k_x^2$, donde k_x es el radio de giro alrededor del eje $x - x$ y haciendo uso de los parámetros τ y μ, se obtiene:

$$\frac{Ix}{q_0 \cdot S \cdot b} \cdot \ddot{\phi} = \frac{2}{\mu} \cdot \left(\frac{k_x}{\mu}\right)^2 \cdot d^2\phi \qquad\qquad [10.1.14]$$

La ecuación adimensional del movimiento de rolido [10.1.13], operando matemáticamente, resulta:

$$\mu \cdot CL_{\beta} \cdot \beta + \frac{CL_{\hat{p}}}{2} \cdot d\psi + \left[\frac{CL_{\hat{p}}}{2} \cdot d - 2 \cdot \left(\frac{k_x}{b}\right)^2 \cdot d^2\right] \cdot \phi = 0 \qquad\qquad [10.1.15]$$

La ecuación del movimiento alrededor del eje $z - z$, se obtiene de la misma manera que la utilizada para el movimiento alrededor del eje $x - x$; con el momento de guiñada en función de las siguientes variables:

$$\Delta N_a = f\left(\beta, \dot{\psi}, \dot{\phi}\right)$$

La variación del momento de guiñada será:

$$\Delta N_a = \frac{\partial N}{\partial \beta} \cdot \beta + \frac{\partial N}{\partial \dot{\psi}} \cdot \dot{\psi} + \frac{\partial N}{\partial \dot{\phi}} \cdot \dot{\phi}$$

y la ecuación de movimiento, en términos de coeficientes:

$$Cn_\beta \cdot \beta + Cn_{\dot{\psi}} \cdot \dot{\psi} + Cn_{\dot{\phi}} \cdot \dot{\phi} \frac{Iz}{q_0 \cdot S \cdot b} \cdot \ddot{\psi} \qquad [10.1.16]$$

Colocando $Cn_{\dot{\psi}} \cdot \dot{\psi} = (Cn_{\hat{r}}/2 \cdot \mu)d \cdot \psi$ y $Cn_{\dot{\phi}} \cdot \dot{\phi} = (Cn_{\hat{p}}/2 \cdot \mu)d \cdot \phi$, como se hizo precedentemente con $C\mathcal{L}_{\dot{\psi}}$ y $C\mathcal{L}_{\dot{\phi}}$ y operando, la ecuación [10.1.16] resulta:

$$\mu \cdot Cn_\beta \cdot \beta + \left[\frac{Cn_{\hat{r}}}{2} \cdot d - 2 \cdot \left(\frac{k_z}{b}\right)^2 \cdot d^2 \right] \cdot \psi + \frac{Cn_{\hat{p}}}{2} \cdot d\phi = 0 \qquad [10.1.17]$$

Las ecuaciones [10.1.6], [10.1.15] y [10.1.17] conforman el sistema de ecuaciones adimensionales, lineales y homogéneas del movimiento asimétrico o transversal.

10.2. EVALUACIÓN DE LAS DERIVADAS DE ESTABILIDAD TRANSVERSALES

10.2.1. Cy_β Variación del coeficiente de fuerza lateral con el ángulo de deslizamiento

La derivada de estabilidad Cy_β representa la variación del coeficiente de fuerza lateral con el ángulo de deslizamiento. Cuando se produce un deslizamiento surgen fuerzas aerodinámicas en el empenaje vertical, fuselaje y en el ala. La mayor contribución a esta derivada proviene del empenaje vertical, en menor medida del fuselaje y es prácticamente despreciable el aporte del ala.

En este caso se considera únicamente la contribución del empenaje vertical y el coeficiente de fuerza lateral será:

$$Cy = -a_v \cdot (\sigma + \beta) \cdot \frac{1/2 \cdot \rho \cdot V_v^2 \cdot S_v}{1/2 \cdot \rho \cdot V_0^2 \cdot S} \qquad [10.2.1]$$

operando:

$$Cy = -a_v \cdot (\sigma + \beta) \cdot \frac{S_v}{S} \cdot \eta_v \qquad [10.2.2]$$

Derivando con respecto a β:

$$Cy_\beta = -a_v \cdot \left(1 + \frac{\partial \sigma}{\partial \beta}\right) \cdot \frac{S_v}{S} \cdot \eta_v \qquad [10.2.3]$$

El Avión. Calidad del Equilibrio, Control y Estabilidad Dinámica.

El valor de $\partial\sigma/\partial\beta$ puede ser supuesto nulo en primera estimación o bien evaluado a partir de los métodos propuestos en Refs. 5, 7 y 9.

10.2.2. $C\mathcal{L}_\beta$ Efecto diedro

En contraste con Cy_β, la derivada $C\mathcal{L}_\beta$, conocida como efecto diedro, es muy importante. La principal contribución a $C\mathcal{L}_\beta$ proviene del ala como se vio en el Capítulo 8.

10.2.3. Cn_β Calidad del equilibrio direccional

Esta derivada se trató en el Capítulo 7 y caracteriza la calidad del equilibrio direccional.

10.2.4. $C\mathcal{L}_{\hat{p}}$ Amortiguamiento en rolido

Derivada analizada en el Capítulo 8, correspondiente al control lateral.

10.2.5. $Cn_{\hat{r}}$ Amortiguamiento en guiñada

La causa que genera esta derivada es el incremento del ángulo de ataque que se produce en el empenaje vertical como consecuencia de la velocidad de guiñada; fenómeno similar al que produce el amortiguamiento en cabeceo del avión.

Si el avión gira a una velocidad de guiñada r, el ángulo de ataque de la deriva variará incrementado en:

$$\Delta\alpha_v = \frac{r \cdot l_v}{V_a} \qquad\qquad [10.2.4]$$

El coeficiente del momento de guiñada producido por la deriva será:

$$Cn = -C_{Y_v} \cdot \frac{S_v \cdot l_v}{S \colon b} \cdot \eta_v = -a_v \cdot \Delta\alpha_v \cdot \frac{S_v \cdot l_v}{S \cdot b} \cdot \eta_v \qquad\qquad [10.2.5]$$

e introduciendo la ecuación [10.2.4] en la ecuación [10.2.5] se tiene:

$$Cn = -a_v \cdot \frac{S_v}{S} \cdot \frac{l_v^2}{b} \cdot \frac{r}{V_0} \cdot \eta_v \qquad\qquad [10.2.6]$$

Derivando con respecto a la velocidad de guiñada adimensional $\hat{r}\left(\frac{r \cdot b}{2 \cdot V}\right)$:

$$Cn_{\hat{r}} = \frac{\partial Cn}{\partial \left(\frac{r \cdot b}{2 \cdot V}\right)} = -2 \cdot a_v \cdot \frac{S_v}{S} \cdot \frac{l_v^2}{b^2} \cdot \eta_v \qquad [10.2.7]$$

Generalmente se toma una contribución del ala al amortiguamiento en guiñada igual a $-C_{D_w}/4$, Ref. 8; por lo tanto:

$$Cn_{\hat{r}} = -\frac{C_{D_w}}{4} - 2 \cdot a_v \cdot \frac{S_v}{S} \cdot \frac{l_v^2}{b^2} \cdot \eta_v \qquad [10.2.8]$$

10.2.6. $C\mathcal{L}_{\hat{r}}$ y $Cn_{\hat{p}}$ Derivadas cruzadas

Ellas son el coeficiente del momento de rolido debido a la velocidad de guiñada y el coeficiente del momento de guiñada producido por la velocidad de rolido. Evaluadas analíticamente se determina que ellos son una función del coeficiente de sustentación C_L.

El momento de rolido debido a la guiñada surge porque el incremento de la velocidad sobre el ala exterior y disminución de la misma, en el ala interior, introducen un momento de rolido que tiende a levantar el ala exterior. El momento se genera debido a la variación de la sustentación por el cambio en la presión dinámica que ve cada semiala. Una velocidad de guiñada positiva introducirá de este modo un momento de rolido positivo.

El momento de guiñada debido al rolido surge del incremento del ángulo de ataque del ala que desciende y la disminución del ángulo de ataque del ala que sube. Como el vector sustentación se inclina hacia delante con respecto a la cuerda alar y con el ángulo de ataque, el ala que baja, tendrá una componente hacia delante del vector sustentación, mientras que el ala a que sube lo tendrá hacia atrás, Fig. 10.2. Como consecuencia de ello surge un momento de guiñada negativo, por variación de la resistencia, para una velocidad de rolido positiva.

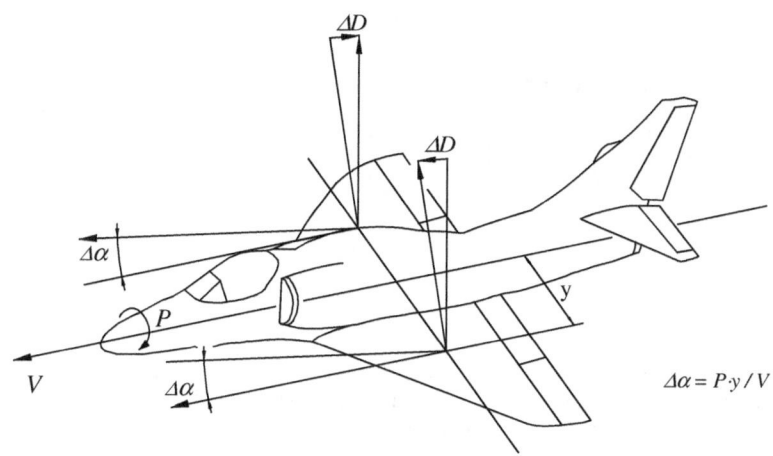

FIGURA 10.2. Momento de guiñada por rolido

Suponiendo una distribución elíptica para la sustentación e integrando por franjas se obtiene, Ref. 8:

$$CL = \frac{C_L}{4} \cdot \frac{r \cdot b}{2 \cdot V_0}$$

y

$$Cn = \frac{C_L}{8} \cdot \frac{p \cdot b}{2 \cdot V_0}$$

las cuales, derivando con respecto a las velocidades angulares adimensionales $\hat{r}$ y $\hat{p}$, permiten tener respectivamente:

$$CL_{\hat{r}} = \frac{C_L}{4}$$

y $\qquad\qquad\qquad\qquad\qquad\qquad\qquad\qquad\qquad\qquad$ [10.2.9]

$$Cn_{\hat{p}} = \frac{C_L}{8}$$

10.3. SOLUCIÓN DE LAS ECUACIONES DEL MOVIMIENTO ASIMÉTRICO

Bajo las hipótesis adoptadas, el sistema de ecuaciones diferenciales lineales y homogéneas que describen el movimiento transversal, luego de producida una perturbación, es:

$$\left(Cy_\beta - 2 \cdot d\right) \cdot \beta - 2 \cdot d\psi + C_L \cdot \phi = 0$$

$$\mu \cdot CL_\beta \cdot \beta + \frac{CL_{\hat{r}}}{2} \cdot d\psi + \left[\frac{CL_{\hat{p}}}{2} \cdot d - 2 \cdot \left(\frac{k_x}{b}\right)^2 \cdot d^2\right] \cdot \phi = 0 \qquad [10.3.1]$$

$$\mu \cdot Cn_\beta \cdot \beta + \left[\frac{Cn_{\hat{r}}}{2} \cdot d - 2 \cdot \left(\frac{k_z}{b}\right)^2 \cdot d^2\right] \cdot \psi + \frac{Cn_{\hat{p}}}{2} \cdot d\phi = 0$$

Se propone una solución de la forma:

$$\beta = \beta_1 \cdot e^{\lambda \cdot \frac{t}{\tau}}$$

$$\psi = \psi_1 \cdot e^{\lambda \cdot \frac{t}{\tau}}$$

y

$$\phi = \phi_1 \cdot e^{\lambda \cdot \frac{t}{\tau}}$$

e introduciendo en las ecuaciones [10.3.1] la solución propuesta, el sistema se reduce a tres ecuaciones algebraicas simultáneas en λ. Para determinar los valores de λ, se iguala a cero al determinante de los coeficientes y se lo expande.

El determinante de los coeficientes es:

$$\begin{vmatrix} Cy_\beta - 2 \cdot \lambda & -2 \cdot \lambda & C_L \\ \mu \cdot C\mathcal{L}_\beta & \dfrac{C\mathcal{L}_{\hat{r}}}{2} \cdot \lambda & \dfrac{C\mathcal{L}_{\hat{p}}}{2} \cdot \lambda - h_x \cdot \lambda^2 \\ \mu \cdot Cn_\beta & \dfrac{Cn_{\hat{r}}}{2} \cdot \lambda - h_z \cdot \lambda^2 & \dfrac{Cn_{\hat{p}}}{2} \cdot \lambda \end{vmatrix} = 0 \qquad [10.3.2]$$

donde:

$$h_x = 2 \cdot (k_x/b)^2$$

y

$$h_z = 2 \cdot (k_z/b)^2$$

Expandiendo el determinante:

$$A \cdot \lambda^4 + B \cdot \lambda^3 + C \cdot \lambda^2 + D \cdot \lambda + E = 0 \qquad [10.3.3]$$

donde:

$$A = 1$$

$$B = -\frac{1}{2} \cdot \left(Cy_\beta + \frac{Cn_{\hat{r}}}{h_z} + \frac{C\mathcal{L}_{\hat{p}}}{h_x} \right) \qquad [10.3.4]$$

$$C = \frac{1}{4 \cdot h_x \cdot h_z} \cdot \left(C\mathcal{L}_{\hat{p}} \cdot Cn_{\hat{r}} - C\mathcal{L}_{\hat{r}} \cdot Cn_{\hat{p}} \right) + \frac{Cy_\beta}{4} \cdot \left(\frac{Cn_{\hat{r}}}{h_z} + \frac{C\mathcal{L}_{\hat{p}}}{h_x} \right) + \frac{\mu \cdot Cn_\beta}{h_z}$$

$$D = -\frac{\mu \cdot \left(C\mathcal{L}_{\hat{p}} \cdot Cn_\beta - C\mathcal{L}_\beta \cdot Cn_{\hat{p}} \right)}{2 \cdot h_x \cdot h_z} - \frac{\mu \cdot C_L}{2 \cdot h_x} \cdot C\mathcal{L}_\beta - \frac{Cy_\beta}{8 \cdot h_x \cdot h_z} \cdot \left(C\mathcal{L}_{\hat{p}} \cdot Cn_{\hat{r}} - Cn_{\hat{p}} \cdot C\mathcal{L}_{\hat{r}} \right)$$

$$E = \frac{\mu \cdot C_L}{4 \cdot h_x \cdot h_z} \cdot \left(C\mathcal{L}_\beta \cdot Cn_{\hat{r}} - Cn_\beta \cdot C\mathcal{L}_{\hat{r}} \right)$$

Los coeficientes de la cuártica en λ son constantes, sus valores dependen de: los términos de inercia, parámetro de densidad relativa del avión (μ) y de las derivadas de estabilidad transversales.

Una vez obtenidos estos coeficientes es posible estudiar los modos del movimiento transversal. Una inspección de los términos que forman las constantes de la cuártica en λ muestra que para todo coeficiente de sustentación positivo y para aviones que tienen calidades del equilibrio direccional y lateral positivas, los coeficientes A, B, C y D, son positivos, puesto que todos los términos que los componen lo son. El signo de E depende del paréntesis $\left(C\mathcal{L}_\beta \cdot Cn_{\hat{r}} - Cn_\beta \cdot C\mathcal{L}_{\hat{r}} \right)$, si el producto $Cn_\beta \cdot C\mathcal{L}_{\hat{r}}$ es mayor que $C\mathcal{L}_\beta \cdot Cn_{\hat{r}}$ entonces será negativo (–). En un diseño normal o convencional generalmente es negativo el coeficiente E y de acuerdo con la regla de los signos de las raíces ello nos indicaría que habrá una raíz real positiva, lo cual da un modo de movimiento divergente.

El Avión. Calidad del Equilibrio, Control y Estabilidad Dinámica.

En general, para vuelos sin potencia y con mandos fijos, habrá dos raíces reales, una positiva y otra negativa y un par complejo. El movimiento transversal normal entonces, tendrá una divergencia pura, una convergencia pura y una oscilación.

Para un avión convencional, las raíces reales son del orden de:

$$\lambda_1 = 0.20$$

y

$$\lambda_2 = -10$$

Los valores de estas raíces indican una divergencia suave y una convergencia muy fuerte. El modo divergente de movimiento es conocido como divergencia en espiral y puede ser fácilmente mostrado en vuelo. Se perturba el avión, a partir de una condición de equilibrio, con un golpe adecuado de comando en el mando de alerones y se observa el movimiento que sobreviene.

En el caso normal, el avión comenzará una suave espiral en la dirección de la perturbación, la cual, si no es corregida, se irá incrementando hasta desarrollar una picada escarpada en espiral de alta velocidad, pero esta situación es difícil que se presente ya que no es normal que se dejen los mandos fijos el tiempo suficiente para que ello se produzca, pues debe ser el tiempo muy grande porque la divergencia es pequeña.

El modo convergente fuerte no es reconocido fácilmente en vuelo ya que se amortigua muy rápido y consiste prácticamente en un movimiento de rolido puro que se amortigua muy rápidamente a consecuencia del alto valor de la derivada $CL_{\tilde{p}}$.

El par de raíces complejas conjugadas, es del orden de:

$$\lambda_{3,4} = -1.5 \pm i7.0$$

y da lugar a una oscilación de corto período, la cual puede ser a veces perceptible en vuelo y ha sido objetada en algunos aviones por tener un amortiguamiento débil. Esta oscilación se la conoce usualmente como Balanceo del holandés. En la mayoría de los diseños de aviones no es un inconveniente en tanto el amortiguamiento sea fuerte.

Para comprender físicamente el balanceo del holandés, se supone al avión como si fuese un péndulo y además con un grado de libertad en rolido. En la posición A, Fig. 10.3, y alejado de su condición de equilibrio se lo perturba inclinándolo lateralmente un ángulo ϕ; como consecuencia de ello comienza a deslizar hacia B y el efecto diedro hace levantar el ala del lado que se desliza, el avión alcanza la posición B, pero por efecto de la inercia, la sobrepasa y llega a la posición C. Termina aquí el efecto de inercia y empieza a deslizar en sentido contrario, reproduciéndose esto en forma periódica.

Ahora supongamos dos grados de libertad, en rolido y en guiñada. Cuando el avión pasa de la posición A a la posición B, se desarrolla un deslizamiento y como consecuencia del efecto diedro se genera una velocidad de rolido y simultáneamente se produce una velocidad de guiñada como consecuencia del efecto veleta. Combinando ambos se obtiene el balanceo del holandés. Las oscilaciones no están generalmente en fase, pero si son generalmente de igual período, ya que una engendra a la otra.

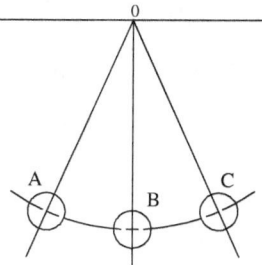

FIGURA 10.3. Balanceo del holandés

Los límites de estabilidad para una divergencia en espiral neutra y un Balanceo del holandés oscilatorio permanente se pueden investigar igualando el coeficiente E y el discriminante de Routh a cero, respectivamente.

$$E = 0 \qquad \text{(Límite del modo espiral)}$$

y

$$R = D \cdot (C \cdot B - A \cdot D) - B^2 \cdot E = 0 \qquad \text{(Límite de las oscilaciones)}$$

Estos límites de estabilidad se pueden representar en el plano $Cn_\beta - C\mathcal{L}_\beta$ como se muestra en la Fig. 10.4.

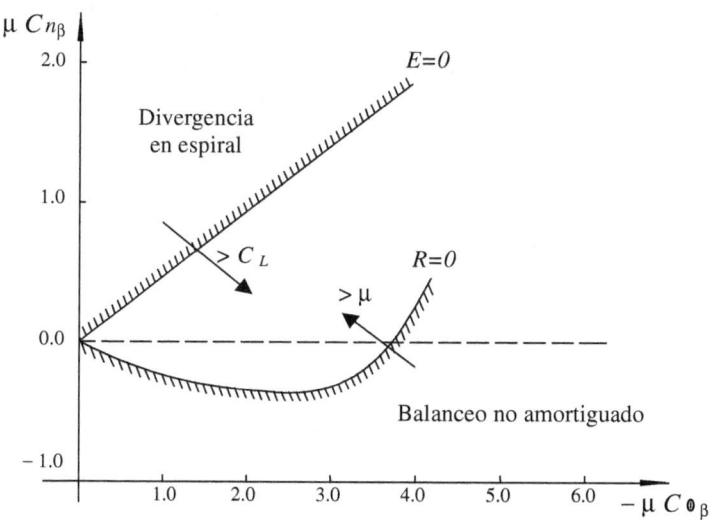

FIGURA 10.4. Límites de estabilidad transversal.

Se prefiere mantener al avión fuera de los límites de la divergencia en espiral y del balanceo no amortiguado, sin embargo a veces se puede aceptar una suave divergencia en espiral con el fin de obtener cualidades de vuelo más importantes que van con altos Cn_β y bajo $C\mathcal{L}_\beta$.

El Avión. Calidad del Equilibrio, Control y Estabilidad Dinámica.

Una inspección del coeficiente de la cuártica E, muestra que la divergencia en espiral será más severa en tanto se incremente el coeficiente de sustentación; esto se debe a la dependencia de la derivada $C\mathcal{L}_{\hat{r}}$ con el coeficiente de sustentación.

La condición para que el término E sea nulo, lo cual marca el límite de la divergencia, se puede escribir:

$$C\mathcal{L}_\beta \cdot Cn_{\hat{r}} - Cn_\beta \cdot \frac{C_L}{4} = 0$$

[10.3.5]

despejando,

$$Cn_\beta = \frac{C\mathcal{L}_\beta \cdot Cn_{\hat{r}} \cdot 4}{C_L}$$

[10.3.6]

En tanto, se incremente el valor de C_L, la calidad del equilibrio direccional será menor, ecuación [10.3.6], mientras que si el C_L se reduce, será mayor y la divergencia en espiral más suave y posiblemente aún estable.

Un estudio de los parámetros aerodinámicos involucrados en las oscilaciones transversales indica las siguientes tendencias: Aumento de la calidad del equilibrio direccional, Cn_β, tiende a reducir el período de las oscilaciones pero tiene poco efecto sobre el amortiguamiento. Un elevado valor de Cn_β ayuda al piloto a realizar giros coordinados y prever excesivos deslizamientos o guiñadas.

Un incremento del efecto diedro acorta el período y reduce el amortiguamiento en el modo oscilatorio y también en la divergencia en espiral. Un incremento en el amortiguamiento en guiñada incrementa el período y mejora el amortiguamiento. Es conveniente tener altos valores de $Cn_{\hat{r}}$ en cada modo de movimiento, para tener buenas características dinámicas del avión.

ÍNDICE ALFABÉTICO

W

BIBLIOGRAFÍA

1.- **Etkin, B.**, *"Dynamics of Atmospheric Flight"*, John Wiley & Sons, Inc., 1972.

2.- **Deutsche LuffahrtNormem**, *"Flugmechanik, LN 9300"*, 1970.

3.- **Hertig, R. R.**, *"Mecánica Teórica"*, Editorial El Ateneo, Buenos Aires, 1976.

4.- **Silverstein and Katzoff**, *"Design Charts for predicting Down-wash Angles and Wake characteristics behind plain and Flapped Wing"*, N.A.C.A. TR 648, 1939.

5.- **Roskam, J.**, *"Airplane Flight Dynamics and Automatic Flight Controls"*, Part 1&2, DARCorporation, Lawrence, Kansas, 1995.

6.- **Ribner, H. S.**, *"Formulas for propellers in Yaw and Charts at the Side-force Derivatives"*, N.A.C.A. TR 819, 1945.

7.- **Wright-Patterson Air Force Base**, *"USAF, Stability and Control DATCOM"*, 1974.

8.- **Perkins, C.D. and Hage, R. E.**, *"Airplane Performance, Stability and Control"*, John Wiley & Sons, Inc., 1949.

9.- **IHS-ESDU, Engineering Sciences Data Unit**, *"Aerodynamics Series"*, www.esdu.com.

10.- **Dirección Nacional de Aeronavegabilidad**, *"Reglamento de Aeronavegabilidad, DNAR - Parte 23 y 25"*, Fuerza Aérea Argentina, 1990.

11.- **Federal Aviation Administration**, *"Code of Federal Regulations, Aeronautics and Space, FAR Part 23 y 25"*, Unit State of North America Government, 1996.

12.- **Wright-Patterson Air Force Base**, *"Flying Qualities of Piloted Aircraft, MIL-F-8785 C"*, 1980.

13.- **Munk M. M.**, *"The Aerodynamics Forces in Airship Hills"*, NACA TR 184, 1924.

14.- **Multhopp H.**, *"Aerodynamics of Fuselage"*, NACA TM 1036, 1942.

15.- **Misses, R. von**, *"Theory of flight"*, Dover Publications, Inc., New York, 1959.

16.- **Gainer, T. G. and Hoffman, S.**, *"Summary of Transformation Equations of Motion in Free Flight and Wind-Tunnel Data Reduction and Analysis"*, N.A.S.A. SP-3070, 1972.

17.- **Phillips, W. H.**, *"Appreciation and Prediction of Flying Qualities"*, N.A.C.A. TR 927, 1948.

18.- **Langley Research Staff**, *"Summary of Lateral-Control Research"*, N.A.C.A. TR 868, 1946.

19.- **Torembeck, E.**, *"Synthesis of Subsonic Airplane Design"*; Delta University Press, Holland, 1976.

La presente edición de EL AVIÓN: *Calidad del equilibrio, Control y Estabilidad Dinámica* - se terminó de imprimir en Universitas en el mes de Septiembre de 2020.

Impreso en Argentina

www.ingramcontent.com/pod-product-compliance
Lightning Source LLC
Chambersburg PA
CBHW072148230526
45467CB00041B/1000